金牌辅食大全

0-3岁宝贝
辅食王中王

黄艳萍 主编

U0345772

江西科学技术出版社

·南昌·

图书在版编目（CIP）数据

金牌辅食大全：0-3岁宝贝辅食王中王 / 黄艳萍主编. -- 南昌：江西科学技术出版社，2019.6
ISBN 978-7-5390-6627-1

Ⅰ．①金… Ⅱ．①黄… Ⅲ．①婴幼儿－食谱 Ⅳ．①TS972.162

中国版本图书馆CIP数据核字(2018)第295576号

选题序号：ZK2018118
图书代码：B18244-101
责任编辑：王凯勋　周楚倩

金牌辅食大全：0-3岁宝贝辅食王中王

JINPAI FUSHI DAQUAN：0-3 SUI BAOBEI FUSHI WANGZHONGWANG

黄艳萍　主编

摄影摄像	深圳市金版文化发展股份有限公司
选题策划	深圳市金版文化发展股份有限公司
封面设计	深圳市金版文化发展股份有限公司
出　版	江西科学技术出版社
社　址	南昌市蓼洲街2号附1号
	邮编：330009　电话：（0791）86623491　86639342（传真）
发　行	全国新华书店
印　刷	深圳市雅佳图印刷有限公司
开　本	720mm×1020mm　1/16
字　数	220 千字
印　张	18
版　次	2019年6月第1版　2019年6月第1次印刷
书　号	ISBN 978-7-5390-6627-1
定　价	49.80元

赣版权登字：-03-2019-051

contents
目录

1 辅食添加的基本要点

2 4～6个月宝贝辅食添加

3 7~9个月宝贝辅食添加

4 10 ~ 12 个月宝贝辅食添加

5 1～3岁宝贝辅食添加

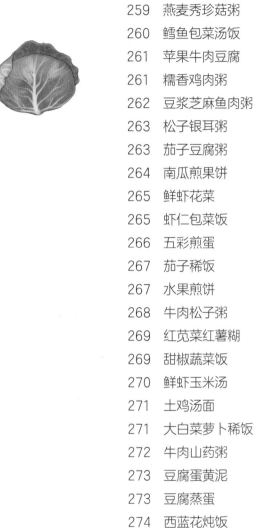

Chapter 1
辅食添加的基本要点

0～3岁是孩子生长发育最快的年龄段，这一时期孩子的营养摄取直接决定了大脑发育和免疫机制的建立，以及日后的身体健康，宝宝营养食谱在这个时期尤为关键。父母必须抓紧在孩子这个特殊成长期为宝宝打好营养基础。

关于辅食：宝爸宝妈必备知识

超全的婴儿辅食添加知识，包括时间、顺序、制作，给宝宝添加辅食的理论基础，收藏这一篇就足够了！

妈妈，饭饭好香呀！

什么是辅食

辅食是为了满足宝宝对营养需求而添加的除母乳以外的食物，一般从6个月开始，12个月左右结束。

一般的辅食制作工具有小奶锅、研磨器、榨汁机等，因为宝宝的肠胃消化系统尚未成熟，使用前需要将工具清洗干净，需要研磨或榨取汁水的食物需细细研磨，以免增加宝宝的肠胃负担。辅食的种类一般有谷类、蔬果汁类、蛋黄鱼肉泥类，食材应以新鲜为主。烹饪蔬果前可用淡盐水浸泡半个小时，以消毒杀菌。

为什么要添加辅食

当宝宝一天天长大，成长所需的营养元素不能完全从母乳中获得的时候，就需要添加辅食。虽然母乳是宝宝最理想的食品，而且国际母乳会和世界卫生组织都建议，宝宝自然离乳的时间在2岁左右，但是在宝宝6个月大以后，身体所需的各种营养元素不能从母乳中完全获得，这时便需要辅食的帮助。学习吃辅食对宝宝而言也是一种新的尝试，除了从中获得所需的营养，还可以刺激乳牙的萌出，锻炼咀嚼和吞咽能力，让宝宝健康成长！

掌握添加辅食的原则

当母乳中的营养已经跟不上宝宝成长的步伐，这个时候家长就要考虑辅食的添加了。那怎么样科学营养地喂养才能使宝宝健康成长，这是很多妈妈都会关心的问题。

适龄添加

一般在4～6个月就可以给宝宝添加辅食了，但每个宝宝的生长发育情况不一样，存在着个体差异，因此添加辅食的时间也不能一概而论，要等宝宝的身体准备好了才可以开始。过早添加，宝宝的身体会出现呕吐和腹泻；过晚添加，则可能导致宝宝营养不良，甚至拒绝辅食。

从单一到混合

依照宝宝的营养需求和消化能力，遵照循序渐进的原则进行添加。一种辅食应该经过5～10天的适应期，观察宝宝对这种食物的消化能力、是否过敏等。如果宝宝消化良好，再添加另一种食物，适应后再由一种食物过渡到多种食物混合食用。

从少到多

最开始给宝宝添加辅食的时候，一天只能喂一次，而且需要在两次喂奶之间，量不要大，1汤匙就可以了。开始可以用温开水稀释，并观察宝宝的接受程度、大便是否正常、有无其他不良反应等，等到宝宝适应之后，才逐渐增加。

从稀到稠

开始添加辅食的时候，宝宝的乳牙还未萌出，应从流质食物开始，让宝宝接受辅食。等到宝宝可以咀嚼东西了，就可以过渡到糊糊状辅食，再到固体。一般在10个月左右就可以接触固体辅食，过晚会影响宝宝咀嚼功能的发育。

宝宝生长周期与辅食添加表

月龄	4～6个月 吞咽期	7～9个月 咀嚼期	10～12个月 咬嚼期	1～3岁 大口咬嚼期
各阶段宝宝的表现	宝宝喝奶量增大，将食物自动吐出的条件反射消失，开始有意识地张开小嘴接受食物	宝宝进入长牙期，唾液分泌量增加，爱流口水，喜欢咬较硬的东西	宝宝进入断奶期，对母乳的兴趣逐渐减少，喝奶时常常显得无精打采	宝宝进入出牙期，咀嚼能力有明显提高，此时能进食大多数食物了，爱用手抓食物
添加的辅食品种	鱼肝油；米汤、米粉糊、麦粉糊、稀粥；无刺鱼泥、肝泥、动物血、奶类、嫩豆腐花；叶菜汁、果汁、叶菜泥、果泥	鱼肝油；稀饭、烂饭、烂面条、面包；无刺鱼、鸡蛋、肝泥、动物血、碎肉末、较大月龄婴儿奶粉、大豆制品；蔬菜泥、果泥	鱼肝油；稀饭、烂饭、饼干、面条、面包、烤馒头片；鱼肉泥、猪肉泥、鸡蛋羹、豆腐、较大月龄婴儿奶粉；果汁、碎菜末	鱼肝油；稀饭、软饭、饼干、面条、面包、馒头；鱼肉、瘦肉、鸡蛋、肝泥、动物血；蔬菜、水果
辅食供给的营养素	能量，蛋白质，维生素A、B族维生素、维生素C、维生素D，矿物质，膳食纤维等	能量，蛋白质，维生素A、B族维生素、维生素C、维生素D，矿物质，膳食纤维等	能量，蛋白质，维生素A、B族维生素、维生素C、维生素D，矿物质，膳食纤维等	能量，蛋白质，维生素A、B族维生素、维生素C、维生素D，矿物质，膳食纤维等
每天辅食添加参考次数	每天1次，上午喂食最佳	每天2次，上午、下午各1次	逐渐培养宝宝一日三餐的良好进食习惯	每天3次

制作辅食的必备工具

宝宝的辅食和大人的食物有很大区别，尤其是在宝宝断奶期前的辅食制作。除了厨房中已有的菜刀、砧板等这些制作辅食所必需的工具外，还需要一些专用工具来辅助完成，它们在关键时刻会帮上大忙。那么，这些工具你都准备好了吗？

研磨盘 	一般用于研磨比较坚硬的蔬菜和水果，比如胡萝卜、土豆、苹果、梨等，将蔬果洗净后，在研磨盘内摩擦，制成细末，加到米糊或者直接熬煮都是极好的。不过研磨盘上细缝较多，使用前后需清洗干净。
菜板 	日常使用的菜板会接触到生肉或其他食物，易滋生细菌，对宝宝的肠胃造成损害，最好给宝宝专门准备一个菜板制作辅食，并做到每日消毒、每餐清洗，可选择用开水烫煮，或者放到消毒柜里消毒等。
刀具	因为宝宝的辅食制作都比较简单，有很多汁水之类可以不经煮制而直接食用的辅食，所以尽量给宝宝准备一套专用的刀具，并且将生熟食所用刀具分开。为了避免滋生细菌，应该做到制作辅食的前后都清洗，并消毒，以呵护宝宝柔弱的肠胃。
刨丝器、擦板	这类工具多用来制作丝状、泥状食物。因为这类工具制作出来的食物都较细腻，所以要特别注意工具细缝里是否有残留物。每次使用过后都要用水清洗干净并晾干，最好在使用前后消毒。
过滤器	一般用细一点的过滤器或医用纱布即可。这类工具多在制作汁水时使用，用于过滤残渣，以保证汁水口感细腻，避免宝宝因吞咽时吸入颗粒而导致咳嗽等。每次使用前都要用开水浸泡，因为这类工具易滋生细菌，所以使用前可多浸泡一会儿。

榨汁机	用来为宝宝制作果汁和菜汁。最好选有特细过滤网，可以分离部件清洗的榨汁机。作为辅食添加前期的常用工具，妈妈在清洁方面要多加用心，一定要清洗彻底，否则容易滋生细菌，最好在使用前后都清洗一次。
料理机、料理棒	可以用来研磨比较硬的食物，比如大米、肉等，比较省时省力，研磨得细一点，便于宝宝吞咽。同样注意的也是要清洁消毒，保证卫生。
研磨钵、研磨棒	这类工具一般在制作粉末类食材时使用，比如研磨黑芝麻、花生、核桃等容易研碎的食物。因为宝宝不善于吞咽大颗粒的食物，容易卡在食管内造成危险，所以需要细细研磨。 研磨棒一般是木质的，可以将食材捣压成泥状或糊状。研磨棒适合捣膳食纤维较多的食材，不会破坏食物的纤维，日常生活中非常实用。
搅拌器	泥糊状辅食的常用工具，一般用棍状物体，用于搅拌食材至其稍冷却或使食材充分融合等。如果想省事，家里用的新筷子甚至勺子都行，用后注意清洗即可。
秤	这个工具一般不常使用，但是为了能按照食谱做辅食，并确保宝宝营养的搭配合理、分量足够，秤会起到很大的帮助。
分蛋器	鸡蛋含有丰富的营养成分，但8个月以内的宝宝食用蛋黄可能会过敏，1岁左右的宝宝才可以吃全蛋。分蛋器还可以用于家里面其他菜肴的制作，所以准备一个分蛋器很有必要。
削皮器	居家必备的小巧工具，用于削果皮、土豆皮等，方便好用。给宝宝专门备一个，与家里用的分开，以保证卫生。

宝贝进食用具

给宝宝的食具宜尽量选择一些颜色较浅、没有花纹且形状较简单的，这样容易发现污垢，便于及时清洗和消毒。

 吸盘碗

这种碗非常适合刚学吃饭的宝宝，底座上有吸盘，可以吸附在桌面上，避免宝宝因为控制不住自己的力气，而将饭碗打翻。

 塑料奶瓶

适合3个月以上的宝宝使用，安全耐摔，可以让宝宝自己端着喝，较易清洗。注意不要放太烫的水，以免烫伤。

 硅胶勺子

硅胶勺是特意为宝宝进食而设计的，质地柔软不会伤害到宝宝的口腔，且无毒无味、耐高温，适合给宝宝喂食食物以及宝宝自己学着吃饭时使用。

 围嘴

围嘴也叫罩衣，系在宝宝脖子周围可以保持衣服的干净，是伴随宝宝长大必不可少的用品。半岁之前的宝宝只需要防止弄脏胸前的衣服，半岁以后就需要给宝宝准备带袖的罩衣了。

 婴儿餐椅

准备一个颜色鲜艳的婴儿餐椅，可促进宝宝的食欲，同时也有助于培养宝宝良好的进餐习惯。等宝宝学会走路之后也不用为了喂饭而追着宝宝到处跑，不仅可以让妈妈更加轻松地照顾宝宝，也能让宝宝自己在吃饭的过程中找到乐趣。

宝贝餐具材质选择

给宝宝使用的餐具材质尤为重要，要易清洗、耐高温，因为宝宝的餐具会用开水煮的方式消毒，所以一定要耐高温。

仿瓷餐具

这类餐具最实用。一般质地柔和，光滑如瓷器却又很轻薄，不怕摔、不变形，保温的性能也很好，且不烫手。正规仿瓷餐具的底部都有企业详细信息、生产许可证QS标志和编号。选购时还要看产品是否上色均匀、是否有变形、表面是否光滑。买回家以后用开水煮半小时，晾干后再煮半小时，反复4次。

不锈钢餐具

这类餐具易擦洗，不易滋生细菌，化学元素少，适合用来喝水。注意别用不锈钢餐具盛酸性食物，也不能长时间盛放有菜汤的菜，因为菜汤中常含有酸性物质，会把不合格的不锈钢餐具中的镍和铬溶解出来，这些重金属被宝宝吃到肚子里，会影响大脑和心脏健康。

陶瓷、玻璃餐具

这类餐具易碎，使用时要特别小心，不建议在宝宝端不稳餐具的时候使用，避免摔碎划伤宝宝。这类餐具一般比较环保，工艺完善，比较安全。注意陶瓷的餐具要买釉下彩，就是表面光滑、摸不出花纹感的。当然，如果是纯色无花纹且表面光滑的陶瓷餐具更好。

塑料餐具

这类餐具一般比较鲜艳，造型可爱，容易引起宝宝的注意，能让宝宝对吃饭更感兴趣。但是会比较容易附着污垢，较难清洗。摩擦后容易起边和棱角，造成刮伤等意外，使用时需注意安全。另外塑料餐具不宜用来盛太烫或太油的食物，最好选无色透明或素色的，且无异味的。

竹木餐具

竹木餐具尽量选天然的、没有涂料的。质量不过关的天然竹木餐具表面会有很多凸刺，容易刺伤宝宝，在选择时要格外注意。天然的餐具一般质地柔和，摸起来比较温润。但是因为无涂料，其表面特有的植物纹理会导致其不易清洗，容易滋生细菌，因此要定时消毒。

搪瓷餐具

搪瓷餐具在以前使用的较多，是将无机玻璃质材料通过熔融而凝于基体金属上并与之牢固结合的一种复合材料。其保温效果好，含有的有害物质也少，比较适合宝宝使用，但是经摔打后容易致使瓷片脱落而被宝宝误食进肚子里。注意不要买内壁有花纹的。

清洗与消毒

都说病从口入，成人都会因为吃了不干净的东西而生病，更何况是脆弱的小宝宝，所以宝宝餐具的选用、清洗、消毒更是尤为重要。

● 清洗

1 淘米水

叶类蔬菜表面光滑，农药残留物较少，一般用清水清洗即可。淘米过后剩下的淘米水不想浪费，也可以用来浸泡叶类蔬菜。先将蔬菜表面的泥污洗掉，再用淘米水浸泡30分钟左右，基本上可以清除大部分残留农药，但要注意淘米水要盖过蔬果5厘米左右哦。

2 盐水

适用范围: 花类蔬菜、草莓等不易清洗的蔬果。很多蔬果表面凹凸不平，缝隙较多，容易藏污纳垢，用清水难以清洗干净，例如西蓝花、花菜、草莓等。这类蔬果先用清水清洗一下，再用盐水浸泡30分钟左右，以吸附缝隙里的农药，再用流动清水清洗掉表面的盐分即可。

3 果蔬清洗剂

这种方法适用于大部分果蔬，可以取一盆清水，将清洗剂融于其中，然后将蔬果放入其中浸泡10～15分钟，待蔬果表面附着的杂菌、农药残留等污垢浮起后取出，再用流动清水清洗即可。

● 消毒

1 高温消毒法

这种消毒方法最为常见，一般是将宝宝使用过的餐具或者制作工具在清洗干净后，放到沸水中煮3～5分钟，或者放到蒸汽柜中，消毒5～10分钟。

2 化学消毒方法

用消毒液浸泡消毒，适用于不耐高温的餐具（如玻璃制品），浸泡15～30分钟。浸泡之后必须要用清水冲洗干净，最好用流动水冲洗。

让宝宝爱上辅食的小秘密

宝宝对妈妈制作的多样化的辅食需要一个接受的过程，因而让宝宝爱上辅食，绝不是一朝一夕就能完成的事，但是掌握一些有用的小秘密，可以帮助宝宝更顺畅地接受辅食。

给宝宝准备喜爱的餐具

宝宝都喜欢拥有属于自己独有的东西，在保证餐具易发现污垢、易清洗的情况下，妈妈可为宝宝准备一套图案可爱、颜色鲜艳的餐具，以提高宝宝进食的兴趣。

提醒宝宝要吃饭了

吃饭前先提醒，有助于宝宝愉快进餐。如果宝宝玩得正高兴，却被要吃饭这件事打断的话，就很可能会产生抵触情绪而拒绝吃饭。就算是1岁的小宝宝，也应事先告之他即将要做的事，让宝宝慢慢养成习惯。

学会食物代换原则

如果宝宝讨厌某种食物，也许只是暂时性不喜欢吃，妈妈可以先停止喂食，隔段时间再让他吃，在此期间，可以喂给宝宝营养成分相似的替换品。妈妈要多给孩子一些耐心，说不定哪天换一种烹调方式或者把饭摆成一个可爱的造型，宝宝就爱吃了。

妈妈教宝宝怎样咀嚼食物

有的宝宝由于不习惯咀嚼，可能在喂辅食的时候会用舌头把食物往外推。这个时候，妈妈就需要教宝宝怎么咀嚼食物吞下去。如果宝宝仍然不会，不妨耐心多示范几次。

营造轻松愉快的用餐氛围

要为宝宝营造一个洁净、舒适的用餐环境，并给宝宝准备固定的桌椅及专用餐具。宝宝吃饭较慢时，不要催促，要多表扬和鼓励宝宝，这样能增强宝宝吃饭的兴趣，让宝宝体会到用餐的快乐。

尝试让宝宝自己动手吃

当宝宝1岁之后，慢慢开始有了独立意识，想要自己动手吃饭了。这个时候，妈妈可以鼓励宝宝自己拿汤匙吃东西，也可以让宝宝用手抓食物吃，这样不仅满足了宝宝的好奇心，让他们觉得吃饭是件有意思的事，同时也增强了宝宝的食欲。

制作辅食小贴士

辅食伴随着宝宝的成长，也关系着宝宝的营养和健康。不少新手妈妈由于缺乏经验，总是害怕做不好而耽误宝宝的营养。其实，妈妈在学习了前面的基础课和强化课后，已能独立制作辅食了，只需再多花一些心思，就能成为厨房里的巧手好妈妈。

营养巧搭配

不同类型的食物所含营养成分都不一样，这些营养成分在互相搭配时会产生互补、增强或阻碍的作用。如果妈妈能够注意到这些食物中的营养差别，并从中找到每种食材的"最佳搭档"，就能提高食物的整体营养价值，从而为宝宝的辅食加分。

制作辅食的烹饪小细节

在烹饪的过程中尽量采用蒸、煮、炖等方式，不能太油腻，辅食的精细程度要符合宝宝的月龄特点，最好根据宝宝的消化能力调节食物的形状和软硬度。刚开始时可将食物处理成汤汁、泥糊，再慢慢过渡到半固体、碎末状、小片成形的固体食物。

制作前的准备

给宝宝制作辅食时一定要注意卫生。用来制作和盛放食物的各种工具要提前洗净并用开水烫过，过滤用的纱布使用前要煮沸消毒，制作食品的刀具、锅、碗等要生、熟食品分开使用。妈妈还应重视餐具的清洁和消毒，洗净后用沸水煮2～5分钟，消毒频率一天一次。

辅食制作禁忌

辅食添加初期，食物的浓度不宜太浓，如蔬菜汁、新鲜果汁，最好加水稀释。此外，也不要同时添加几种辅食。如果一起添加，宝宝就尝不出什么味道，久而久之就没有什么喜好的食物，这样会导致宝宝味觉混乱，对宝宝味觉发育无益。

辅食食材的选择

制作辅食的原料应选择新鲜天然的食物，最好是当天买当天吃。存放过久的食物不但营养成分容易流失，还容易发霉或腐败，使宝宝染上细菌和病毒，对宝宝健康不利。蔬菜和水果在烹饪之前要洗净，最好用清水或淡盐水浸泡半小时。蔬果宜选择橘子、西红柿、苹果、香蕉、木瓜等皮壳较容易处理、农药污染较少的品种。蛋、鱼、肉、肝等食材要煮熟，以免引起感染或过敏。

Chapter 2
4 ~ 6 个月宝贝辅食添加

刚接触辅食的 4 ~ 6 个月宝宝只会吞咽，还不会咀嚼，因此在制作辅食时，务必要将食物烹调至稀、软、烂、熟的状态，否则宝宝很有可能因为难以吞咽食物，而失去对辅食的兴趣。要值得注意的是有些食材并不适合在这个阶段食用，合理搭配，均衡营养才是关键。

胡萝卜水

材料 胡萝卜半根

做法

❶ 胡萝卜洗净去皮，切成小块。

❷ 锅中注入适量沸水烧开，倒入胡萝卜块煮软。

❸ 关火盛出汤汁即可。

青菜水

材料 青菜50克

做法

❶ 洗净的青菜切碎。

❷ 锅中注入适量沸水烧开，倒入青菜碎煮至软。

❸ 将青菜捞出，用汤勺挤压出汁，滤出即可。

甘蔗荸荠水

材料 甘蔗1小节，荸荠3个

做法

❶ 甘蔗去皮洗净，剁成小段。

❷ 荸荠洗净，去皮，去蒂，切成小块。

❸ 锅中注入适量清水，放入荸荠块、甘蔗段。

❹ 大火烧开后撇去浮沫。

❺ 小火煮至荸荠全熟，关火盛出即可。

葡萄汁

材料 葡萄50克

做法

① 将葡萄洗净，去皮，去籽。

② 取榨汁机，倒入葡萄、适量温开水。

③ 启动榨汁机，榨取汁水。

④ 断电，过滤出葡萄汁即可。

生菜苹果汁

材料 生菜半颗，苹果1个

做法
1. 将生菜洗净，切成段，放入沸水中焯烫片刻后捞出。
2. 苹果去皮，洗净，去核，切成小块。
3. 取榨汁机，倒入切好的苹果块和生菜段。
4. 加入适量温开水，榨取汁水。
5. 断电，过滤出汁水即可。

花菜汁

材料 花菜50克

做法
1. 将花菜洗净，掰成小朵，用盐水浸泡5分钟。
2. 锅中注适量清水烧沸，放入花菜焯熟。
3. 取榨汁机，倒入花菜及适量温水，榨取汁水。
4. 断电，过滤出汁水即可。

橙汁

材料 橙子半个

做法

① 将橙子洗净，横向切开。

② 将剖面覆盖在挤橙器上旋转，挤出橙汁。

③ 加入等量温开水即可。

7

西瓜汁

材料 西瓜30克

做法

❶ 西瓜切小块后，放入研磨器内磨成西瓜泥。

❷ 把西瓜泥倒在滤网内，滤出西瓜汁，倒入备好的碗中。

❸ 最后加入适量的冷开水稀释，倒入杯中即可。

西红柿汁

材料 西红柿130 克

做法

❶ 锅中注入适量清水烧开，放入西红柿。

❷ 关火后烫至表皮皱裂，捞出西红柿，浸在凉开水中。

❸ 待凉后剥去表皮，再把果肉切小块。

❹ 取榨汁机，倒入西红柿，注入纯净水，榨出西红柿汁，装入杯中即成。

小米玉米碎汤

材料 小米50克，玉米碎50克

做法
1. 小米洗净，玉米碎洗净。
2. 锅中注入适量清水烧沸，倒入小米、玉米碎。
3. 同煮至食材熟软，关火盛出即可。

西红柿泥

材料 西红柿半个

做法
1. 西红柿洗净，用开水烫一下，去掉外皮。
2. 取半个西红柿，切成小块。
3. 取搅拌机，倒入西红柿块制成泥即可。

红薯红枣泥

材料 红薯半个，红枣4颗

做法
1. 红薯洗净去皮，切成小块。
2. 红枣洗净去核，切成碎末。
3. 将红薯块、红枣末分别装入碗中，放入蒸锅中蒸熟。
4. 取出后放入碗中，加适量温开水捣成泥即可。

葡萄干土豆泥

材料 葡萄干10粒，
土豆半个

做法

❶ 土豆洗净去皮，切成小块，放入蒸锅中蒸熟后捣成泥。

❷ 葡萄干用温水泡软，切碎。

❸ 锅中注适量清水煮沸，倒入土豆泥、葡萄干。

❹ 煮沸后转小火煮3分钟，关火盛出即可。

13

红豆汤

材料 水发红豆150克,冰糖20克

做法

1. 砂锅中注入适量清水烧开,倒入洗净的红豆。
2. 烧开后用小火煮约60分钟,至食材熟透。
3. 揭盖,撒上适量的冰糖,搅拌匀,用中火煮至糖分溶化。
4. 关火后盛出煮好的红豆汤,装在碗中即成。

苹果汁

材料 苹果25克

做法

1. 将苹果洗净后,去皮、去核。
2. 加入适量冷开水,用搅拌器搅拌成苹果汁。
3. 将苹果汁倒入过滤网中,过滤出果汁即可。

白萝卜汁

材料 新鲜白萝卜
1/4个

做法

❶ 白萝卜去皮，从中切成两半，再切成片，装碗备用。

❷ 将切好的萝卜片放入沸水中，煮10~15分钟。

❸ 出锅装碗，晾温后即可饮用。

玉米汁

材料 鲜玉米粒70克，白糖适量

做法

❶ 取榨汁机，倒入玉米粒和少许温开水，榨取汁水。

❷ 断电后加入少许白糖，搅拌至糖分溶化。

❸ 锅置火上，倒入玉米汁，加盖，烧开后用中小火煮约3分钟至熟。

❹ 揭盖，倒入杯中即可。

油菜水

材料 油菜40克

做法

❶ 将洗净的油菜切小瓣，改切成小块，备用。

❷ 砂锅中注入适量清水烧开，倒入切好的油菜，拌匀。

❸ 盖上盖，烧开后用小火煮约10分钟至熟。

❹ 关火揭盖，滤入碗中即可。

水果泥

材料 哈密瓜120克，
西红柿150克，
香蕉70克

做法

① 哈密瓜去皮去籽剁成末，西红柿剁成末，香蕉去皮
剁成泥。

② 取大碗，倒入西红柿、香蕉。

③ 再放入哈密瓜，搅拌片刻，使其混合均匀即可。

19

菠菜水

材料 菠菜60克

做法

① 将洗净的菠菜切去根部，再切成长段，备用。

② 砂锅中注入适量清水烧开，放入切好的菠菜，拌匀。

③ 加盖，烧开后用小火煮约5分钟至其营养成分析出。

④ 关火，将汁水装入杯中即可。

南瓜泥

材料 南瓜200克

做法

① 洗净去皮的南瓜切成片，放入蒸碗，蒸锅上火烧开，中火蒸15分钟至熟。

② 揭盖，取出蒸碗，放凉待用。

③ 取一个大碗，倒入蒸好的南瓜，压成泥，然后用小碗盛出即可。

核桃糊

材料 米碎70克，核桃
仁30克

做法
1. 取榨汁机，倒入米碎，注入适量的清水，搅拌片刻，盛出。
2. 把核桃仁放入榨汁机中，注入清水，搅拌片刻，盛出。
3. 汤锅置于火上烧热，先后倒入核桃仁浆、米浆。
4. 用勺搅拌均匀，用小火续煮片刻至食材熟透。
5. 待浆汁沸腾后关火，盛出碗中即可。

香蕉泥

材料 香蕉70克

做法
① 洗净的香蕉剥去果皮。
② 用刀碾压成泥状。
③ 取一个干净的小碗，盛入制好
的香蕉泥即可。

草莓米糊

材料 白米糊60克，草莓2个

做法
① 草莓用水洗净后，去蒂、籽，
磨成泥。
② 加热白米糊，将磨好的草莓泥
放入米糊里，略煮一下即可。

草莓水果酱

材料 莲藕粉适量，白糖适量，草莓适量，果汁适量

做法

① 新鲜草莓洗净后去蒂，用研磨器磨成泥。

② 莲藕粉用水调成浆。

③ 锅中放入白糖和少量的清水煮沸，再加入草莓泥，以小火稍煮。

④ 最后加入莲藕浆和果汁，边加边搅拌到一定浓稠度，放凉即可。

25

樱桃米糊

材料 白米粥60克，樱桃3个

做法

❶ 白米粥加水，放入搅拌器中，将其搅拌成米糊。

❷ 樱桃清洗干净、去籽，捣成泥，备用。

❸ 加热白米糊，加入捣好的樱桃泥，拌匀即可。

西瓜米糊

材料 白米粥60克，西瓜30克

做法

❶ 白米粥加水，用搅拌器搅拌成米糊。

❷ 西瓜去皮、去籽后，切块并磨泥备用。

❸ 在拌好的米糊里放进西瓜泥，稍煮片刻后即完成。

红枣糯米糊

材料 白米糊60克，糯米糊15克，红枣4个

做法
1 将红枣洗净、蒸熟后，去皮、去核并磨成泥。
2 将白米糊、糯米糊混合并加热。
3 放入磨好的红枣泥拌匀，再煮沸一次即完成。

红薯米糊

材料 白米粥60克,红薯20克

做法
1. 将白米粥加水,搅拌成米糊。
2. 将红薯皮削厚些,切成适当大小,放入锅里蒸熟并捣碎。
3. 加热白米糊,放入红薯泥,用小火煮,搅拌均匀即可。

红薯胡萝卜米糊

材料 白米粥60克,红薯10克,胡萝卜10克

做法
1. 将白米粥加水,搅拌成米糊。
2. 红薯蒸熟后,去皮、磨成泥。
3. 胡萝卜洗净削皮后,蒸熟、磨成泥。
4. 加热白米糊,放进红薯泥和胡萝卜泥,熬煮片刻即可。

菠菜牛奶碎米糊

 材料 菠菜80克，牛奶100毫升，大米65克，盐少许

做法

① 锅中加水烧开，放入菠菜，煮至熟软，捞出倒入榨汁机内打汁。

② 大米放入干磨杯中，将大米磨成米碎。

③ 锅置火上，倒入菠菜汁，用中火煮沸，加入牛奶、米碎。

④ 用勺子持续搅拌1分30秒，煮成浓稠的米糊，调入少许盐。

⑤ 搅拌均匀，至米糊入味即可。

31

柿子米糊

材料 白米粥60克，甜柿子15克

做法

❶ 白米粥加水后，用搅拌器搅拌成米糊。

❷ 将甜柿子洗净，去掉皮和籽后，磨成泥。

❸ 将拌好的米糊加热后，放进柿子泥，再熬煮片刻即完成。

甜南瓜米糊

材料 白米糊60克，甜南瓜10克

做法

❶ 白米糊加水搅拌均匀。

❷ 甜南瓜去皮、去籽后，再蒸熟、磨成泥。

❸ 将磨好的南瓜泥放入加热的米糊里，熬煮片刻即完成。

胡萝卜牛奶汤

 材料 胡萝卜30克，冲泡
好的牛奶45毫升

做法

❶ 将胡萝卜洗净后，蒸熟、磨成泥。

❷ 将冲泡好的牛奶加热，放入胡萝卜泥，开小火，
煮沸即可。

南瓜肉汤米糊

材料 白米糊60克，南瓜10克，
肉汤适量

做法
❶ 先将肉汤放凉，待表面油脂凝
结时，再用滤网过滤，除去肉
渣和油脂。
❷ 将南瓜蒸熟后，去皮、去籽，
并磨成泥。
❸ 将肉汤倒入米糊中煮开，再倒
入南瓜泥，用小火熬至沸腾，
盛入碗中即可。

法式南瓜浓汤

材料 南瓜30克，冲泡好的牛奶
45毫升

做法
❶ 将南瓜洗净并切块，蒸熟后去
籽、去皮，再磨成泥。
❷ 在南瓜泥中加入冲泡好的牛
奶，搅拌均匀即完成。

芹菜蛋黄米糊

材料 白米粥60克，芹菜10克，鸡蛋1个

做法

❶ 将芹菜洗净后，切成丁备用。

❷ 在白米粥中加入水和芹菜，一起放入搅拌机中，搅拌成糊。

❸ 水煮鸡蛋后，取半个蛋黄磨成泥备用。

❹ 将芹菜米糊放入锅中，加入蛋黄泥煮熟即可。

37

哈密瓜果汁

材料 哈密瓜100克

做法

① 用汤匙挖取哈密瓜中心熟软的部分，放入果汁机中搅碎。

② 将果汁倒出，再用滤网过滤。

③ 再用2~3倍的低温开水稀释，倒入杯中即可。

哈密瓜米糊

材料 白米糊60克，哈密瓜50克

做法

① 白米糊加水煮至沸腾。

② 去除哈密瓜籽和瓜皮，再用磨泥器磨成泥。

③ 在煮好的白米糊中加入哈密瓜泥，用小火煮3分钟即可。

菠菜鸡蛋糯米糊

材料 糯米10克，菠菜10克，煮熟的蛋黄半个

做法

① 洗净糯米，将之浸泡1小时。

② 洗净的菠菜用开水焯烫后，去除水分备用。

③ 把煮熟的蛋黄磨碎。

④ 将糯米和菠菜一起放入搅拌器内，加水搅拌成糊。

⑤ 再放入锅中加热，最后加入蛋黄泥搅拌均匀即可。

大白菜汤

材料 嫩大白菜叶25克，泡好的
牛奶50毫升

做法
1. 将洗净的大白菜叶切成小片，
   加水煮熟、捞出。
2. 放入研磨碗中压出菜汁，再用
   过滤网滤出菜汁。
3. 将菜汁加入温牛奶中，搅拌均
   匀即可。

麦粉糊

材料 燕麦粉45克，西蓝花2朵

做法
1. 将西蓝花洗净，取花蕾聚集而
   成的花苔部分，切碎后将其放
   入滚水中炖煮。
2. 炖煮10分钟后，过滤、取西蓝
   花汁。
3. 燕麦粉放进锅中并倒入适量西蓝
   花汁，均匀搅拌，煮开即可。

栉瓜小米糊

材料 白米10克，小米10克，栉瓜15克

做法

❶ 将白米、小米洗净，用清水浸泡1小时左右，加水后放入搅拌器中一起打成米糊。

❷ 栉瓜洗净后，磨成泥备用。

❸ 将栉瓜泥加入米糊中，以小火煮开即可。

43

牛奶芝麻糊

材料 黑芝麻5克，配方奶粉10克

做法

❶ 将黑芝麻磨成粉末。

❷ 把配方奶粉、水、黑芝麻粉搅拌均匀。

❸ 最后熬煮成芝麻糊即可。

李子米糊

材料 白米糊60克，李子25克

做法

❶ 白米糊加水搅拌均匀。

❷ 李子洗净，去掉籽和皮后，磨成泥。

❸ 白米糊煮开后，加入李子泥搅拌均匀即可。

西蓝花米粉糊

材料 白米糊60克，奶粉15克，西蓝花10克

做法

1. 西蓝花洗净、焯烫后，取花蕾部分剁碎。
2. 将白米糊倒入锅中，加入奶粉搅拌均匀。
3. 再放入西蓝花末煮沸、拌匀即可。

海带蛋黄糊

材料 蛋黄半个，海带汤45毫升

做法
1 锅中倒入海带汤，再放入半个蛋黄煮至沸腾。
2 将海带蛋黄汤放入研磨器中，再将蛋黄磨细即完成。

47

水梨米糊

材料 白米粥60克，水梨15克

做法
1 在白米粥中加入适量水，搅拌成米糊。
2 水梨去皮、去果核，再磨成泥备用。
3 加热白米糊，放入磨好的水梨泥，再稍煮片刻即完成。

48

豆腐茶碗蒸

材料 嫩豆腐15克，高汤15毫升，蛋黄1/3个

做法

❶ 将嫩豆腐洗净，再研磨成泥。

❷ 取1/3个蛋黄备用。

❸ 将豆腐泥加入高汤、蛋黄搅拌均匀，放入蒸锅中，蒸熟即可。

49

香蕉酸奶

材料 香蕉25克，原味酸奶20毫升

做法

1. 香蕉去皮、切小块，磨成泥。
2. 在香蕉泥中加入冷开水、酸奶充分搅拌即可。

香蕉豆腐米糊

材料 白米粥60克，香蕉10克，豆腐10克

做法

1. 香蕉去皮，磨成泥；豆腐焯烫后捣碎，备用。
2. 白米粥加水搅拌成米糊。
3. 再加入香蕉泥、豆腐泥，用小火慢慢熬煮即可。

花菜苹果米糊

材料 白米糊60克，花菜
20克，苹果25克

做法

❶ 花菜洗净后，取花蕾部分备用。

❷ 将花菜花蕾用开水焯烫后，捣碎；苹果去皮，磨成泥备用。

❸ 加热白米糊，然后放入花菜末和苹果泥，稍煮片刻即完成。

香蕉牛奶米糊

材料 白米糊60克，香蕉15克，
牛奶（配方奶）45毫升

做法
① 将白米糊倒入锅中，加入牛奶，用小火熬煮。
② 香蕉去皮、磨成泥。
③ 放入步骤1中一起搅拌均匀，再加热一次即完成。

香蕉糊

材料 白米糊60克，香蕉20克

做法
① 香蕉去皮，放入捣碎器里，捣碎成香蕉泥。
② 加热米糊，倒入香蕉泥，均匀搅拌即可。

土豆米糊

材料 白米糊60克，土豆10克

做法

❶ 土豆去皮后，洗净、蒸熟并捣碎。

❷ 将米糊倒入锅中加热，待煮滚后，加入土豆泥搅拌均匀。

❸ 最后用小火熬煮片刻，即完成这道土豆米糊。

55

土豆牛奶汤

材料 土豆50克，冲泡好的牛奶50毫升

做法

❶ 将土豆洗净，去皮、切小块，放入蒸锅中蒸至熟软，取出后趁热捣碎。

❷ 加热冲泡好的牛奶，倒入土豆泥，搅拌均匀，煮开即可。

甜梨米糊

材料 白米糊60克，水梨15克

做法

❶ 用磨泥器将洗净的水梨磨成泥，备用。

❷ 将水梨泥放入白米糊中，用小火煮一会即可。

苹果泥

材料 苹果25克

做法

❶ 将苹果切成1/4大小，去核，再用研磨器研磨成泥。

❷ 将苹果泥倒入杯中，用低温开水稀释2~3倍即可。

燕麦米糊

材料 白米糊30克，燕麦片15克，配方奶粉15克

做法

1. 将燕麦片压碎。
2. 奶粉加少量开水泡开。
3. 白米糊加热后，放入燕麦片、配方奶一起烹煮。
4. 用勺子搅拌均匀，直至燕麦片熟软即可。

萝卜水梨米糊

材料 白米糊60克，白萝卜10克，水梨15克

做法

1. 水梨去皮和果核后，磨成泥。
2. 将白萝卜洗净、去皮后，再磨成泥。
3. 将水梨泥和萝卜泥放入米糊中，熬煮片刻即完成。

豆腐草莓酱

材料 嫩豆腐20克，草
莓1个

做法

❶ 将豆腐洗净、焯烫后，沥干水分，磨成泥，放入碗
中，备用。

❷ 将草莓洗净、去蒂、磨成泥，倒入豆腐泥中搅拌均
匀即可。

61

红椒苹果泥

材料 红椒10克，苹果20克

做法

1 红椒洗净、去籽、切小块，加入少量水，放入搅拌机内搅拌成泥。

2 苹果洗净、去皮，并磨成泥。

3 煮熟红椒泥，加入苹果泥搅拌即可。

62

红薯樱桃米糊

材料 白米糊60克，红薯10克，樱桃2个

做法

1 红薯削皮后，蒸熟、磨成泥。

2 樱桃洗净后，去籽、切成小丁，放入搅拌器内搅拌成泥，备用。

3 加热白米糊，放入红薯泥、樱桃泥，煮开即可。

63

油菜水梨米糊

材料 白米糊60克，油菜
10克，水梨10克

做法

❶ 油菜洗净、焯烫后，放在搅拌机内搅拌成泥备用。

❷ 水梨去皮和果核，磨成泥。

❸ 加热白米糊后，放入油菜泥、水梨泥煮开即可。

土豆哈密瓜米糊

材料 白米糊60克，土豆10克，
哈密瓜10克

做法

❶ 将土豆去皮、蒸熟后磨成泥。

❷ 将哈密瓜去皮、去籽，磨成泥
备用。

❸ 最后将土豆泥、哈密瓜泥和适
量水放入白米糊中拌匀，再用
小火煮开即可。

65

包菜黄瓜糯米糊

材料 白米糊45克，糯米糊15
克，包菜10克，黄瓜10克

做法

❶ 将白米糊及糯米糊加水放入搅
拌器中，搅拌均匀。

❷ 将包菜洗净后，用开水焯烫，
再剁碎；黄瓜去皮后，切碎，
备用。

❸ 加热米糊，放入包菜、黄瓜，
煮熟即可。

66

猕猴桃萝卜米糊

材料 白米糊60克，猕猴桃15克，胡萝卜10克

做法
1. 胡萝卜去皮，蒸熟，磨成泥。
2. 猕猴桃去皮，磨成泥。
3. 加热白米糊，放入胡萝卜泥和猕猴桃泥，再熬煮片刻即完成。

67

紫米上海青米糊

材料 白米糊30克，紫米糊30克，上海青20克

做法

❶ 白米糊和紫米糊中加入适量水，放入搅拌机内，搅拌成米糊，备用。

❷ 上海青洗净后，用开水焯烫，去除水分后，切碎备用。

❸ 加热米糊，放入碎上海青，煮开即可。

68

胡萝卜水梨米糊

材料 白米糊60克，胡萝卜10克，水梨15克

做法

❶ 水梨去皮和果核后，磨成泥。

❷ 胡萝卜洗净、去皮后蒸熟，再磨成泥。

❸ 加热白米糊，放入水梨泥和胡萝卜泥，再稍煮片刻即可。

69

菠菜香蕉泥

材料 菠菜30克，香蕉 50克

做法

❶ 将菠菜洗净，焯烫后沥干水分，再切段备用。

❷ 将香蕉去皮，和菠菜、开水一起用搅拌器搅拌成 泥，倒入碗中即可。

栉瓜茄子糯米糊

材料 糯米30克，栉瓜20克，茄
子10克

做法

❶ 将糯米熬成粥后，放入搅拌器
内，搅拌成糯米糊。

❷ 栉瓜、茄子洗净后，放入搅拌
器内，搅拌成泥。

❸ 加热糯米糊，放入栉瓜泥和茄
子泥，煮熟即可。

71

水蜜桃香蕉米糊

材料 白米糊60克，水蜜桃10
克，香蕉5克

做法

❶ 水蜜桃洗净、去皮，切小块。

❷ 香蕉去皮，切小块。

❸ 将白米糊、水蜜桃块、香蕉块
和水一起放入搅拌机内搅拌，
最后煮开即可。

72

包菜菠萝米糊

材料 白米糊60克，菠萝15克，包菜10克

做法

① 包菜用清水洗净，去除中间粗硬部分。

② 将处理好的包菜叶用开水焯烫一下，再用搅拌机搅成泥。

③ 菠萝去皮，搅拌成泥。

④ 把搅碎后的包菜和菠萝放入米糊中，用小火煮开，晾凉，倒入碗中即可。

73

玉米土豆米糊

材料 白米糊60克，土豆10克，
玉米70克

做法

1 将玉米放进热水中熬煮，取玉米水。

2 土豆煮熟后，去皮、磨成泥。

3 在米糊里放入土豆泥、玉米水，煮开即可。

法式蔬菜汤

材料 胡萝卜10克，包菜叶1片

做法

1 将胡萝卜洗净后，切成薄片。

2 将包菜叶洗净后，切成小片。

3 锅中加水煮沸，放入胡萝卜片和包菜叶，煮至软烂。

4 用细的滤网滤去蔬菜渣，只留下清汤即可。

哈密瓜红薯米糊

材料 白米糊60克，哈
密瓜15克，红薯
10克

做法

❶ 哈密瓜去皮，磨成泥。

❷ 红薯去皮、蒸熟，磨成泥。

❸ 加热白米糊，放入哈密瓜泥与红薯泥，煮开后倒入
碗中即可。

蔬菜小米糊

材料 白米饭45克，小米糊15克，南瓜10克，包菜10克

做法

❶ 将白米饭加水，放入搅拌机内，搅拌成米糊。

❷ 南瓜蒸熟后，去皮、去籽，磨成泥；包菜洗净后，取嫩叶捣碎，备用。

❸ 锅中放入白米糊和小米糊，用小火熬煮。

❹ 再放入南瓜泥和包菜末，继续熬煮至软烂即可。

苹果柳橙米糊

材料 白米糊60克，苹果15克，柳橙30克

做法

❶ 苹果去皮后，磨成泥。

❷ 柳橙榨成果汁后，用滤网过滤备用。

❸ 在煮好的米糊里加入苹果泥和柳橙汁，搅拌均匀，再略煮片刻即可。

柿子三米糊

材料 白米10克，紫米5克，糙米5克，柿子15克

做法

1. 洗净白米、紫米和糙米，浸泡凉水1小时左右。
2. 再用搅拌机搅碎后加水熬成米糊。
3. 柿子去皮、去籽后，磨成泥。
4. 把柿子泥放入米糊中，用小火熬煮片刻。

79

红薯紫米糊

材料 紫米糊60克，红薯10克

做法
1. 紫米糊加水稀释，并搅拌均匀，备用。
2. 红薯削皮、蒸熟后，用研磨器磨成泥。
3. 加热紫米糊，放入红薯泥搅拌均匀即可。

蔬菜红薯泥

材料 绿色蔬菜30克，红薯10克

做法
1. 将蔬菜洗净、切小片，再放入搅拌机里，搅拌成泥。
2. 红薯洗净、去皮，放入锅里蒸熟，趁热捣碎。
3. 将红薯、蔬菜泥、水放入锅中煮开，搅拌均匀即可。

橘子上海青米糊

材料 白米糊60克，橘子汁30毫升，上海青10克

做法

① 上海青洗净，焯烫后磨碎。

② 把磨碎后的上海青和橘子汁放入米糊中，用小火熬煮片刻即可。

菜豆胡萝卜汤

材料 菜豆10克，胡萝卜10克，
配方奶粉15克

做法
1. 胡萝卜洗净去皮、蒸熟后，捣
   成泥备用。
2. 菜豆洗净，用开水焯烫后放入
   搅拌机中，搅拌成泥。
3. 锅中放入奶粉、水、菜豆泥、
   胡萝卜泥拌匀，煮开后即可。

南瓜羹

材料 南瓜50克，高汤适量

做法
1. 南瓜洗净去皮，切成小块。
2. 锅置火上，倒入高汤、南瓜。
3. 边煮边用勺子将南瓜捣碎，煮
   至稀软。
4. 关火后，盛入碗中即可。

Chapter 3
7 ~ 9个月宝贝辅食添加

7 ~ 9个月的宝宝，爸爸妈妈可以为宝宝准备一些烂粥、烂面、鱼泥、肝泥、肉糜、豆腐、水果泥、蒸鸡蛋羹、碎菜和鱼肝油等作为宝宝的辅食，也可以为宝宝准备一些烤面包片、饼干或馒头片，锻炼宝宝的咀嚼能力，可促进牙齿的生长发育。

草莓藕粉羹

材料 草莓5个，藕粉20克

做法

1. 草莓洗净切块，放入榨汁机中，倒入适量温水榨汁，去渣取汁。
2. 将藕粉用适量水调匀。
3. 锅中倒入适量清水烧沸，倒入调匀的藕粉。
4. 小火慢慢熬煮，边熬边搅拌至透明。
5. 将草莓汁倒入藕粉中调匀即可。

蛋黄鱼泥羹

材料 鱼肉30克，熟鸡蛋黄1/2个

做法

1 鱼肉洗净，去皮，去刺，放入蒸锅中蒸熟。

2 将鱼肉、熟鸡蛋黄分别压成泥，备用。

3 取一小碗，倒入鱼肉泥、熟鸡蛋黄泥，再加入适量温水，调匀即可。

碎米蛋黄羹

材料 碎米25克，鸡蛋1个

做法

1 碎米淘洗干净，用清水浸泡半小时。

2 锅中注入适量清水烧沸，倒入碎米，煮至熟软。

3 鸡蛋取蛋黄，倒入粥中。

4 搅拌均匀，煮沸即成。

西蓝花胡萝卜粥

材料 白米糊60克，西蓝花10克，胡萝卜10克

做法

❶ 将西蓝花用滚水焯烫后，取出花蕾部分，用研磨器磨碎。

❷ 将胡萝卜去皮、蒸熟，捣成泥。

❸ 锅中放入白米糊、磨碎的西蓝花和胡萝卜泥，煮开后即可。

芝麻黄瓜粥

材料 白米粥75克，黑芝麻8克，黄瓜15克

做法

❶ 黄瓜去皮，切碎。

❷ 黑芝麻磨成粉备用。

❸ 锅中倒入白米粥和黄瓜，稍煮片刻。

❹ 最后再加入研磨好的黑芝麻粉，边煮边搅拌即完成。

鲜红薯泥

材料 红薯50克

做法

❶ 红薯洗净去皮，切成小块。

❷ 锅中注入适量清水烧沸，倒入红薯块。

❸ 大火煮开后转小火，煮至红薯熟软。

❹ 边煮边用勺子压成泥，关火盛出即可。

西红柿猪肝泥

材料 西红柿100克，鲜猪肝50克，白糖适量

做法

① 将猪肝洗净，去掉筋膜和脂肪，放在菜板上剁成泥状，备用。

② 西红柿洗净去皮，捣成泥。

③ 把猪肝末和西红柿泥拌好，放入蒸锅蒸5分钟。

④ 熟后再捣成泥，加入白糖拌匀即可。

草莓土豆泥

材料 草莓50克，土豆200克

做法

① 土豆去皮、洗净，切成薄片。

② 锅置火上，注入适量清水，加土豆煮至熟软，捞出沥干。

③ 草莓放入保鲜袋，压成草莓酱。土豆压成泥。

④ 取大碗，放入土豆泥、一半草莓酱搅拌均匀。

⑤ 淋入剩余草莓酱即可。

鱼肉泥

材料 鱼肉50克

做法

① 鱼肉洗净去皮，去刺。

② 将鱼肉放入蒸锅中蒸熟。

③ 取出，用勺子压成泥。

④ 用小碗盛出即可。

鱼肉土豆泥

材料 土豆150克，草鱼
肉80克

做法
1. 将洗好的草鱼肉切成片。
2. 去皮洗净的土豆先对半切开，再改切成片。
3. 将切好的土豆、鱼肉分别装入盘中，放入烧开的蒸
   锅中蒸熟。
4. 揭盖，把蒸熟的鱼肉和土豆取出。
5. 取榨汁机，杯中放入土豆、鱼肉，把鱼肉和土豆搅
   成泥状。
6. 把鱼肉土豆泥倒入碗中即可。

鸡汤南瓜泥

材料 南瓜50克，鸡汤适量

做法
1. 南瓜去皮，洗净后切成丁。
2. 将南瓜放入蒸锅中蒸熟。
3. 取出，装入碗中。
4. 倒入适量热鸡汤。
5. 用勺子压成泥即可。

香菇碎米汤

材料 香菇1朵，碎米适量

做法
1. 香菇洗净去蒂，切成末。
2. 锅中注入适量清水烧沸，倒入碎米、香菇。
3. 加盖，大火煮沸后转小火煮40分钟。
4. 关火盛出汤汁即可。

牛奶白菜汤

材料 大白菜50克，牛奶50毫升，盐、水淀粉各适量

做法

❶ 大白菜去除老叶，用清水洗净。

❷ 大白菜切片，改切成小丁，装盘待用。

❸ 锅中注入100毫升清水，煮沸。

❹ 倒入牛奶烧沸，放入白菜丁，搅匀，煮至白菜熟软。

❺ 加入盐，倒入水淀粉勾芡，搅拌均匀即可。

13

紫菜豆腐汤

材料 豆腐30克，紫菜10克

做法

1. 豆腐洗净，切成小丁。
2. 紫菜漂洗干净，切碎。
3. 锅中注入适量清水烧沸，加入豆腐丁、紫菜碎，煮沸。
4. 转小火，煮至豆腐熟透，关火盛出即可。

鱼蓉鲜汤

材料 鱼肉30克，高汤适量

做法

1. 鱼肉洗净，去皮去骨，切成小块，备用。
2. 用刀背敲成鱼蓉。
3. 锅置火上，倒入适量高汤，煮至沸腾。
4. 倒入鱼蓉，煮沸后转小火煨5分钟，关火即可。

香甜翡翠汤

材料 香菇、西蓝花各
10克，鸡肉、豆
腐各20克，鸡蛋
50克

做法

❶ 香菇切成细丝；鸡肉洗净，切成粒。

❷ 豆腐压成泥；西蓝花洗净，用热水焯熟，切末；鸡
蛋磕入碗中，搅拌均匀。

❸ 热锅注水煮沸，放入香菇丝、鸡肉粒，搅匀，倒入
豆腐泥、西蓝花、蛋液。

❹ 盖上锅盖，焖煮3分钟左右。

❺ 揭盖，放入少许盐，搅拌均匀即可。

草莓米汤

材料 草莓20克，大米30克

做法

1 草莓洗净，切成小块。

2 大米淘洗干净。

3 锅中注入适量清水烧沸，倒入大米、草莓。

4 大火煮沸后转小火，煮成粥。

5 晾凉，取米粥上层的米汤，盛入杯中即可。

萝卜糯米稀粥

材料 糯米30克，白萝卜15克

做法

1 白萝卜削皮后洗净，切成细丁，备用。

2 在锅里放入泡开的糯米、白萝卜丁和水，用中火边煮边搅拌均匀。

3 待稀粥量缩到100毫升左右，再用搅拌机搅拌。

4 将搅拌过的稀粥用筛子过滤一遍后，再放入锅里边煮边搅拌即可。

南瓜包菜粥

19

材料 白饭30克，南瓜
10克，包菜10克

做法
1. 白饭加水熬煮成米粥。
2. 包菜洗净后磨成泥。
3. 南瓜去皮、去籽，蒸熟后磨成泥。
4. 在煮好的米粥里加入包菜泥和南瓜泥，熬煮片刻即可。

西红柿稀粥

材料 水发米碎100克，西红柿90克

做法

❶ 西红柿去皮、去籽切小块，倒入榨汁机。

❷ 注入少许温开水，选择"榨汁"功能，榨取汁水。

❸ 砂锅中注入适量清水烧开。

❹ 倒入备好的米碎，烧开后用小火煮约20分钟至熟。

❺ 揭盖，倒入西红柿汁，搅拌均匀，再用小火煮约5分钟，揭开盖，装入碗中即可。

苹果柳橙稀粥

材料 水发米碎80克，苹果90克，橙汁100毫升

做法

❶ 苹果洗净去皮、切小块，用榨汁机打碎呈泥状。

❷ 砂锅中注入适量清水烧开，倒入米碎。

❸ 盖上盖，烧开后用小火煮约20分钟。

❹ 揭开盖，倒入橙汁，放入苹果泥，拌匀。

❺ 用大火煮约2分钟，至沸即可。

苹果土豆粥

材料 水发大米130克，
土豆40克，苹果
肉65克

做法

1 将洗好的苹果肉切丁；洗净去皮的土豆切碎。

2 砂锅中注入适量清水烧开，倒入洗净的大米搅匀。

3 盖上盖，烧开后转小火煮约40分钟，至米粒熟软。

4 揭盖，倒入土豆碎，拌匀，煮至断生，放入苹果，
拌匀，煮至散出香味。

5 关火后盛入碗中即可。

青菜粥

材料 青菜20克，大米50克

做法

❶ 青菜去除老叶，择洗干净，切成段。

❷ 大米淘洗干净。

❸ 锅中注入适量清水烧沸，倒入大米。

❹ 加盖，大火煮沸后转小火煮40分钟。

❺ 揭盖，加入青菜段，稍煮片刻，至青菜熟透即可。

猕猴桃西米粥

材料 西米60克，猕猴桃2个，冰糖适量

做法

❶ 西米洗净，用温水泡1小时。

❷ 猕猴桃去皮，洗净切丁。

❸ 锅置火上，放入适量清水烧至沸腾。

❹ 加入西米用大火煮沸，转小火熬煮至粥熟。

❺ 加入猕猴桃丁、冰糖，煮至冰糖溶化即可。

上海青鱼肉粥

材料 鲜鲈鱼500克，上海青50克，水发大米95克，盐、水淀粉适量

做法

1. 将洗净的上海青切成丝，再切成粒。
2. 处理干净的鲈鱼切成片。
3. 把鱼片装入碗中，放入少许盐、水淀粉。
4. 抓匀，腌渍10分钟至入味。
5. 锅中注水烧开，倒入水发好的大米，拌匀。
6. 盖上盖，用小火煮30分钟至大米熟烂。
7. 揭盖，倒入鱼片，搅拌匀。
8. 再放入上海青，往锅中加入适量盐调味即可。

25

酸奶香米粥

材料 香米50克，酸奶50毫升

做法

❶ 香米淘洗干净，入清水中浸泡3小时。

❷ 锅置火上，放入香米和适量清水，煮沸。

❸ 转小火熬成烂粥，即可关火。

❹ 待粥凉至温热后加入酸奶搅匀即可。

胡萝卜粥

材料 胡萝卜30克，大米50克

做法

❶ 胡萝卜洗净去皮，切成丁。

❷ 大米淘洗干净。

❸ 锅中注入适量清水烧沸，倒入大米。

❹ 加盖，大火煮沸，然后转小火续煮30分钟。

❺ 揭盖，倒入胡萝卜丁，续煮至胡萝卜丁软烂即可。

肉糜粥

材料 瘦肉600克，小白菜45克，大米65克，盐2克

做法

1. 将洗净的小白菜切成段。
2. 把肉片放入绞肉机，把肉片搅成泥状。
3. 把搅打好的肉泥盛出，加适量水调匀，备用。
4. 将大米放入干磨杯中，磨成米碎，盛入碗中。
5. 加入适量清水，调匀制成米浆备用。
6. 选择搅拌刀座组合，把小白菜放入杯中，加入适量清水，榨取小白菜汁，盛出备用。
7. 锅置火上，倒入小白菜汁，煮沸，加入肉泥拌匀。
8. 倒入米浆，用勺子持续搅拌45秒，煮成米糊。
9. 调入适量盐，继续搅拌一会至入味即可。

香菇鸡蛋粥

材料 水发大米130克，香菇25克，蛋黄30克

做法

❶ 将洗净的香菇切片，再切碎，待用。

❷ 砂锅中注入适量清水烧开，倒入洗净的大米，搅匀。

❸ 盖上盖，烧开后转小火煮约40分钟，至米粒熟软。

❹ 揭盖，倒入香菇碎，拌匀，煮出香味。

❺ 倒入蛋黄，边倒边搅拌，续煮一会儿，至食材熟透即可。

西瓜甜粥

材料 西瓜皮100克，甜瓜、水发粳米各50克，白糖15克

做法

❶ 将甜瓜、西瓜皮洗净去皮，除去内瓤，切成丁。

❷ 西瓜皮放入沸水锅中稍滚，捞出；粳米用冷水浸泡片刻捞出沥干。

❸ 取锅注水，加入西瓜皮、甜瓜块、粳米。

❹ 先用旺火烧沸，然后改小火熬煮成粥，放白糖调味即可。

鳕鱼鸡蛋粥

材料 鳕鱼肉160克，土豆80克，上海青35克，大米100克，熟蛋黄20克

做法

1. 蒸锅上火烧开，放入鳕鱼肉、土豆，蒸至其熟软，放凉压成泥。
2. 洗净的上海青切去根部，切成粒；熟蛋黄压碎。
3. 将放凉的鳕鱼肉碾碎，去除鱼皮、鱼刺。
4. 砂锅中注水烧热，倒入大米，烧开后用小火煮约20分钟至熟软。
5. 倒入鳕鱼肉、土豆、蛋黄、上海青，拌匀，续煮20分钟至粥浓稠即可。

海带菜豆粥

材料 白米粥75克，菜豆15克，
海带粉5克

做法

❶ 菜豆煮熟，剁碎备用。

❷ 在锅中倒入白米粥和剁碎的菜
豆煮沸。

❸ 再放入海带粉拌匀，沸腾后晾
凉，盛入碗中即可。

牛肉白菜粥

材料 白米粥75克，牛肉10克，
虾肉10克，白菜10克，萝
卜5克，海带高汤150毫升

做法

❶ 牛肉汆烫后，去除牛筋并切
碎，备用。

❷ 虾肉汆烫后切小丁。

❸ 白菜洗净，切碎；萝卜去皮，
切小丁。

❹ 加热米粥，倒入海带高汤，放
入萝卜煮软。

❺ 再加入牛肉、虾肉和白菜，盖
上锅盖熬煮至食材熟软即可。

菠菜鳕鱼粥

材料 白米饭30克，鳕鱼20克，菠菜10克，芝麻少许

做法

① 白米饭先放入锅中，加水熬煮成米粥。

② 鳕鱼蒸熟后，去鱼刺、鱼皮，再切小块。

③ 菠菜洗净、焯烫后，沥干水分、切细碎。

④ 白米粥中放入鳕鱼、菠菜煮熟，最后放入芝麻拌匀即可。

土豆芝士糊

材料 土豆80克，芝士片1/2片，胡萝卜5克，丝瓜15克

做法

1. 土豆洗净削皮、切块，放入蒸锅蒸熟。
2. 取出后捣成泥状；胡萝卜、丝瓜切小丁。
3. 起滚水锅，加入胡萝卜、丝瓜煮至软烂。
4. 加入土豆泥、芝士搅拌匀，至芝士溶化即可。

紫茄土豆芝士泥

材料 土豆80克，芝士片1/2片，胡萝卜5克，茄子15克

做法

1. 土豆削皮后，切成四小块。
2. 将芝士放在土豆上，放入蒸锅中蒸熟再磨泥。
3. 胡萝卜洗净，切小丁；茄子洗净，切小丁。
4. 起滚水锅，加入胡萝卜、茄子一起煮熟，再放入土豆泥拌匀即可。

参汤鸡肉粥

材料 白米粥45克，糯米粥15克，红枣2个，松子4个，鸡肉20克，人参鸡高汤适量

做法

❶ 在人参鸡高汤中捞出不带肥油的鸡肉，切碎备用。

❷ 红枣去核，水煮后磨碎；松子去除软皮后也磨碎。

❸ 将白米粥和糯米粥倒入锅中，加入人参鸡高汤熬煮，再放入鸡肉一起烹煮。

❹ 最后放入剁碎的红枣和松子炖煮片刻即可。

37

银杏板栗鸡蛋粥

材料 白米饭30克，银杏2个，红枣1个，板栗1个，煮熟的蛋黄半个

做法

1. 银杏煮熟后，去皮、剁碎；红枣洗净后，去核再剁碎。
2. 将板栗煮熟后，去皮并磨成泥。
3. 让白米饭和水一起熬煮，煮沸时加入红枣。
4. 待粥变得浓稠时，加入银杏、板栗泥和蛋黄，搅拌均匀即可。

38

香橙南瓜糊

材料 南瓜20克，柳橙汁30毫升

做法

1. 蒸熟后的南瓜去皮，趁热磨成泥，备用。
2. 将南瓜泥与柳橙汁放入锅中搅拌均匀，煮开即完成。

39

甜南瓜小米粥

材料 白米粥30克，小米粥30克，甜南瓜20克

做法

① 白米粥和小米粥加水，一起熬煮成稀粥。

② 将甜南瓜去皮后，剁碎备用。

③ 将甜南瓜加入煮好的粥里，稍煮片刻即可。

橘香鸡肉粥

材料 白米饭30克，橘子10克，鸡柳10克

做法

❶ 鸡柳去除薄膜和脂肪后，加水煮熟透，切碎备用。

❷ 橘子剥皮后，去除透明薄皮再切碎。

❸ 白米饭加水熬煮成米粥，再放入碎鸡柳，再次沸腾时，放入碎橘子稍煮即完成。

鸡肉南瓜粥

材料 白米粥60克，鸡胸肉20克，南瓜20克，鸡高汤适量

做法

❶ 鸡胸肉煮熟后，剁碎；南瓜去皮、蒸熟后，剁碎。

❷ 鸡高汤倒入锅中，和水、米粥一起煮开。

❸ 再放入鸡胸肉碎末，用中火继续熬煮。

❹ 待米粥浓稠后，加入南瓜碎末稍煮片刻即可。

鸡肉糯米粥

材料 白米粥45克，糯米粥15克，鸡胸肉20克，胡萝卜10克，鸡高汤适量

做法

❶ 鸡胸肉煮熟后，剁碎。

❷ 胡萝卜去皮、蒸熟后，剁碎备用。

❸ 锅中放入鸡高汤、水和白米粥、糯米粥，一起熬煮至沸腾。

❹ 最后放入鸡胸肉碎末和胡萝卜末，稍煮片刻，盛入碗中即可。

43

鸡蛋甜南瓜粥

材料 白米粥60克，甜南瓜20克，蛋黄1个

做法
1. 南瓜洗净、蒸熟后，去皮、去籽，再捣成泥。
2. 蛋黄打散备用。
3. 加热白米粥，放入南瓜泥继续熬煮。
4. 最后将打散的蛋黄拌入南瓜粥里，搅拌均匀，煮熟后即可。

44

牛肉菠菜粥

材料 白米饭30克，牛肉片10克，菠菜15克

做法
1. 牛肉去除脂肪后，剁碎；菠菜用开水焯烫后，切碎备用。
2. 将白米饭加水熬煮成粥，再放入碎牛肉一起熬煮。
3. 最后放入菠菜碎搅拌均匀，稍煮片刻即可。

45

丝瓜瘦肉粥

材料 白米饭30克，丝瓜
50克，瘦肉40克

做法

① 将白米饭加水，熬煮成稀粥。

② 丝瓜洗净、去皮，切碎。

③ 将瘦肉、丝瓜放入稀粥中，煮开即可。

菠菜优酪乳

材料 菠菜15克，原味优酪乳
100克

做法
1. 菠菜取其嫩叶部分，用开水烫熟后，挤干水分，切末。
2. 将原味优酪乳和菠菜末拌匀即可食用。

椰菜牛奶粥

材料 白米粥60克，奶粉10克，
西蓝花10克

做法
1. 洗净西蓝花，用开水焯烫后去梗、切碎。
2. 加热白米粥，放入西蓝花碎。
3. 再倒入用温水调好的奶粉，稍煮一会即完成。

绿椰蛋黄泥

材料 西蓝花30克，熟蛋黄1个

做法

❶ 焯烫西蓝花后，沥干水分，取花蕾部分切碎，将西蓝花水留下备用。

❷ 捣碎熟蛋黄。

❸ 将西蓝花和碎蛋黄拌匀，倒入西蓝花水调匀即可。

49

丝瓜米泥

材料 白米粥75克，丝瓜20克，
配方奶粉15克

做法

1. 丝瓜削皮后，放到蒸锅里，蒸
到丝瓜熟软后再切碎。
2. 加热白米粥，倒入丝瓜和奶
粉，用小火烹煮，用勺子搅拌
均匀即可。

鳕鱼花椰粥

材料 白米粥60克，鳕鱼1块，
西蓝花适量，薏仁粉30克

做法

1. 鳕鱼洗净、煮熟后，去除鱼刺
和鱼皮，并捣碎鱼肉。
2. 西蓝花洗净、焯烫后，取花蕾
部分剁碎备用。
3. 加热白米粥，放入西蓝花碎
末，用小火稍煮片刻。
4. 再加入鳕鱼碎末和薏仁粉，搅
拌均匀后即可。

丁香鱼菠菜粥

材料 泡好的白米15
克，丁香鱼20
克，菠菜10克，
芝麻油少许，海
带高汤90毫升

做法
① 白米磨碎；菠菜焯烫后切碎备用。
② 丁香鱼放入滤网并用开水冲洗，去掉盐分。
③ 锅中放入海带高汤和白米熬煮成粥，再放入菠菜、
丁香鱼略煮。
④ 最后滴上芝麻油，拌匀即可。

菜豆粥

材料 白米粥60克，菜豆1根

做法

① 将菜豆洗净、切碎。

② 将白米粥加热后，加入菜豆。

③ 用小火熬煮，待菜豆熟烂后即可盛盘。

豌豆洋菇芝士粥

材料 白米粥60克，豌豆10个，
洋菇10克，原味芝士1/2片

做法

① 煮熟的豌豆去皮，磨碎；洋菇洗净，剁碎。

② 将米粥加热，加入豌豆和洋菇拌煮。

③ 等洋菇软烂后，再放入芝士搅拌均匀即可。

水果土豆粥

材料 白米稀粥60克，苹果25克，土豆10克

做法

① 苹果、土豆分别洗净，削皮后切碎，再分别浸泡在冷水里备用。

② 加热白米稀粥，再倒入土豆。

③ 煮开后，改小火，放入苹果，稍加烹煮即可。

55

丁香鱼豆腐粥

材料 白米稀粥60克，丁香鱼5克，豆腐10克

做法

❶ 将丁香鱼放在滤网中，用开水冲泡，去除盐分后切碎。

❷ 豆腐用开水焯烫后，用勺子压碎，备用。

❸ 加热白米稀粥，放入丁香鱼、豆腐拌匀，煮至食材软烂后即完成。

杏仁豆腐糯米粥

材料 糯米粉20克，嫩豆腐20克，杏仁粉30克

做法

❶ 糯米粉用筛子过滤，再用水搅拌备用。

❷ 嫩豆腐用冷水清洗后捣碎。

❸ 锅里放入嫩豆腐、糯米粉水和适量水，边煮边搅拌。

❹ 待糯米粥煮熟变浓稠后，再加入杏仁粉搅拌均匀即可。

芋头稀粥

材料 白米稀粥60克，
芋头30克

做法
① 芋头去皮后切小丁，再蒸熟。
② 将白米稀粥加热。
③ 再加入芋头丁，一起熬煮即可。

香菇粥

材料 白米粥60克，香菇2个

做法

❶ 香菇洗净、去蒂，用开水煮熟后切碎备用。

❷ 加热白米粥，放入香菇末，再稍煮片刻即可。

煮豆腐鸡

材料 鸡胸肉15克，豆腐15克，包菜10克

做法

❶ 鸡胸肉去除脂肪后煮熟，切碎；肉汤用细滤网过滤备用。

❷ 豆腐切除表面坚硬的部分，用筛子捣碎；包菜洗净，切碎。

❸ 锅里放入鸡胸肉、豆腐、包菜、肉汤，用小火边煮边搅拌，煮到收汁即可。

新鲜水果汤

材料 苹果40克，桃子40克，葡萄40克，玉米粉水5毫升

做法

1. 水果洗净，切成细丁。
2. 锅中加水煮沸，放入切好的果粒。
3. 倒入玉米粉水勾芡，用小火烹煮，不停地搅拌以防结块，煮开即可。

莲藕鳕鱼粥

材料 白米粥60克，鳕鱼肉15克，莲藕15克

做法

❶ 鳕鱼洗净、蒸熟后，去除鱼刺、鱼皮，将鱼肉捣碎备用。

❷ 莲藕洗净，用清水略泡一下，再剁细碎。

❸ 白米粥加水熬煮，放入蒸熟的鳕鱼肉、莲藕，拌匀即可。

62

炖包菜

材料 嫩包菜叶20克，嫩豆腐30克

做法

❶ 将包菜用开水焯烫，捞出后沥干水分，切碎，烫菜叶的水留下备用。

❷ 将豆腐放在滤网上，用开水焯烫后，再用汤匙捣碎。

❸ 豆腐、包菜放入小锅中，加入适量包菜水，边煮边调整浓度即可。

63

64

核桃拌奶

材料 南瓜50克，土豆50克，葡萄干5克，核桃粉15克，配方奶粉5克

做法

1. 南瓜蒸熟后去皮，放在研磨器内磨成泥。

2. 土豆去皮，蒸熟后磨成泥；葡萄干切碎，再放进研磨器内磨成泥。

3. 清水放入锅中煮滚后，放入奶粉，用小火烹煮。

4. 再放入南瓜泥、土豆泥、葡萄干泥和核桃粉，再煮片刻，最后拌匀即可。

板栗鸡肉粥

材料 白米粥60克，鸡胸肉10克，板栗2个

做法
1. 鸡胸肉切薄片，汆烫后捞出剁碎，汤汁备用。
2. 将板栗煮熟后去皮，再磨成泥，备用。
3. 加热白米粥后，放入鸡肉、鸡肉汤和板栗，搅拌均匀即可。

65

鲜菇鸡蛋粥

材料 白米饭30克，新鲜香菇10克，蛋黄半个

做法
1. 香菇洗净取蕈柄，再切碎。
2. 白米饭加水熬煮成粥，放入切碎的香菇。
3. 等粥变得浓稠后，放入蛋黄均匀搅拌即可。

66

鸡肉双菇粥

材料 白米饭30克，鸡
胸肉20克，新鲜
香菇10克，秀珍
菇10克，鸡高汤
适量

做法
1 鸡胸肉煮熟后剁碎。
2 香菇和秀珍菇洗净，再用开水焯烫后剁碎。
3 锅中放入米饭、水和鸡高汤熬煮成粥。
4 再放入剁碎的香菇、秀珍菇熬煮片刻。
5 最后再放进鸡胸肉，搅拌均匀后即可。

67

土豆糯米粥

材料 糯米粥60克，土豆10克

做法

❶ 土豆洗净去皮、蒸熟后，磨成泥备用。

❷ 加热糯米粥，放入土豆泥。

❸ 用小火熬煮，搅拌均匀，待沸腾即可。

68

山药秋葵

材料 山药30克，秋葵20克

做法

❶ 山药洗净去皮后煮熟，压成泥，备用。

❷ 秋葵洗净、去头尾后焯烫，再切成碎末。

❸ 将秋葵碎末放入压碎的山药泥中即可。

69

豌豆布丁

材料 蛋黄1个，豌豆5粒，土豆20克，菠菜10克，奶粉15克，食用油少许

做法

1. 豌豆煮熟后，去皮、压碎。
2. 把蒸过的土豆磨成泥；菠菜焯烫后，切碎。
3. 将蛋黄和奶粉拌匀，加入豌豆、菠菜和土豆。
4. 在碗内抹上食用油，把食材放入碗内，放入电锅中蒸15分钟即可。

蛋黄鸡汤酱

材料 熟鸡蛋1/2 个，鸡汤适量

做法

1. 将熟鸡蛋切碎。
2. 锅中注入适量鸡汤烧沸。
3. 倒入鸡蛋碎，一边加热一边搅拌。
4. 关火盛出即可。

鱼肉蛋花粥

材料 鱼肉40克，鸡蛋60克，大米50克

做法

1. 将鱼肉洗净，切片。
2. 锅中注入清水烧沸，倒入洗净的大米。
3. 大火煮沸后转小火煮40分钟。
4. 倒入鱼肉，煮5分钟左右。
5. 将鸡蛋打散，倒入粥中，煮熟即可。

南瓜鸡肉粥

材料 白米粥60克，鸡胸肉20克，南瓜20克，高汤适量

做法

1 鸡胸肉洗净、烫熟后剁碎；南瓜洗净、去皮，蒸熟后切碎。

2 锅中放入白米粥和高汤煮滚后，放入南瓜、鸡胸肉，煮至浓稠即可。

豌豆土豆粥

材料 白米粥60克，土豆10克，
豌豆5克

做法

① 土豆蒸熟后，去皮、捣成泥。

② 豌豆煮熟后，去皮、捣碎。

③ 将白米粥加热，再放入捣碎的
土豆泥和豌豆泥一起熬煮。

④ 待粥变得浓稠后，即可关火。

芝麻糙米粥

材料 白米粥30克，糙米粥15
克，南瓜20克，芝麻10克

做法

① 混合白米粥和糙米粥并加热。

② 南瓜洗净，蒸熟后去皮、磨成
泥，备用。

③ 芝麻放入捣碎器内磨碎。

④ 在米粥中加入磨碎的芝麻和南
瓜泥，稍煮片刻即可。

鳕鱼豆腐稀粥

材料 白米60克，鳕鱼
肉15克，嫩豆腐
10克，海带高汤
45毫升

做法

❶ 鳕鱼蒸熟后，取出鱼肉捣碎；白米磨碎备用。

❷ 豆腐用开水冲洗后再捣碎。

❸ 在锅中放入捣碎的米和高汤熬煮成粥。

❹ 再放入鳕鱼肉和豆腐拌匀，稍煮即可。

茭白金枪鱼粥

材料 白米粥60克，金枪鱼肉15克，茭白20克，海带高汤60毫升，海苔粉适量

做法
1. 将海带高汤加入白米粥中熬煮至沸腾。
2. 茭白洗净，焯烫、切细末；金枪鱼肉切碎。
3. 将茭白、金枪鱼肉放入白米粥中，直至所有食材煮至软烂。
4. 最后洒上海苔粉，拌匀即可。

紫米豆花稀粥

材料 白米粥45克，紫米稀粥45克，原味豆花45克

做法
1. 将白米粥和紫米稀粥放入锅中加热。
2. 豆花先捣碎，待粥煮沸时，加入豆花搅拌均匀即可。

黄花鱼豆腐粥

材料 白米糊60克，黄花鱼10克，嫩豆腐10克，包菜10克

做法

❶ 包菜焯烫，切碎；豆腐洗净，捣碎。

❷ 黄花鱼洗净、氽烫后，除去皮和刺，再捣碎。

❸ 加热白米糊，放入黄花鱼、包菜和豆腐，煮至熟，盛入碗中即可。

79

鲜鱼白萝卜汤

材料 鲜鱼肉50克，白萝卜10克，玉米粉10克，海带高汤适量

做法

1 将鱼肉蒸熟后，除去鱼刺、鱼皮并压成泥状。

2 白萝卜去皮，磨泥备用。

3 锅中加入海带高汤和水，煮沸，再加入鱼肉、白萝卜泥稍煮片刻。

4 最后用玉米粉水勾芡即可。

萝卜秀珍菇粥

材料 白米粥60克，秀珍菇10克，白萝卜10克，海带高汤适量

做法

1 白萝卜去皮，磨泥。

2 秀珍菇洗净、切碎，用开水焯烫后备用。

3 锅中放入白米粥、水和海带高汤，熬煮成稀粥，再放入秀珍菇，用小火慢煮。

4 最后放入萝卜泥，稍煮片刻，盛入碗中即可。

西红柿土豆

 材料 西红柿30克，土豆30克，猪肉末20克

做法

1. 将西红柿洗净后焯烫、去皮，再切碎备用。
2. 土豆去皮后，煮熟、压泥。
3. 将碎西红柿、土豆泥及猪肉末一起搅拌均匀，放入锅中蒸熟即可。

蔬果鸡蛋糕

材料 蛋黄1个，土豆20克，香蕉10克，香瓜10克

做法

① 将香瓜洗净，切成小丁；香蕉去皮，磨成泥备用。

② 土豆洗净去皮后，蒸熟、磨泥；把香瓜丁放入蒸锅中蒸熟，备用。

③ 蛋黄中加入土豆泥、香蕉泥、香瓜丁，搅拌匀即可。

西红柿牛肉粥

材料 白米粥60克，牛肉末20克，西红柿50克，土豆50克，高汤60毫升

做法

① 土豆蒸熟后，去皮、磨泥。

② 西红柿用开水焯烫后，去皮、去籽，再剁细碎。

③ 锅中放入高汤和白米粥煮滚。

④ 再放入牛肉末、西红柿熬煮一会，最后放入土豆泥搅拌均匀，略煮即可。

吐司玉米浓汤

材料 吐司1/2片，花菜2朵，玉米酱30克，鲜奶100毫升

做法

❶ 吐司去边，再切成1厘米的大小。

❷ 花菜洗净，煮软后剁碎。

❸ 锅中放入水和鲜奶加热，再放入玉米酱和切好的吐司、花菜。

❹ 边搅拌边用中小火煮至沸腾即可。

85

西红柿瘦肉粥

材料 白米粥60克，猪肉20克，西红柿10克，花菜15克，高汤150毫升

做法

❶ 猪肉洗净去除脂肪，再剁细碎，备用。

❷ 西红柿洗净、焯烫后，去皮、剁碎；花菜洗净取花蕾，焯烫后切碎。

❸ 加热白米粥，放入高汤、西红柿和花菜、猪肉，煮至食材软烂即可。

牛肉白萝卜粥

材料 白米饭30克，牛绞肉20克，白萝卜10克，菠菜5克，高汤适量

做法

❶ 白萝卜去皮，剁碎。

❷ 将菠菜洗净、焯烫捞出，剁碎备用。

❸ 将高汤、水和白米饭熬煮成粥后，放入牛绞肉和白萝卜继续熬煮。

❹ 最后放进菠菜煮熟即可。

秀珍豆腐稀粥

材料 白米粥60克，秀珍菇10克，菠菜10克，豆腐20克，高汤适量

做法
1. 秀珍菇与菠菜分别焯烫后、切碎。
2. 豆腐洗净后压碎。
3. 锅中放入白米粥和高汤熬煮。
4. 再放入秀珍菇、菠菜与豆腐一起煮熟即完成。

豆腐秋葵糙米粥

材料 白米稀粥45克，糙米稀粥15克，豆腐50克，秋葵半根

做法
1. 豆腐捣碎备用。
2. 秋葵洗净后，去头尾、切碎。
3. 将白米稀粥、糙米稀粥、豆腐和秋葵一起熬煮至软烂即可。

椰菜炖苹果

材料 西蓝花20克，苹果25克，太白粉5克

做法
1. 苹果去皮、磨成泥；西蓝花烫熟后，剁碎。
2. 太白粉加入适量水，调成太白粉水备用。
3. 锅中放入苹果泥和西蓝花碎一起炖煮。
4. 倒入太白粉水不停搅拌，直到呈现适当浓稠度即可。

鳕鱼菠菜稀粥

 材料 白米粥60克，鳕鱼
15克，菠菜15克

做法

① 将鳕鱼洗净、蒸熟后，去鱼皮、鱼刺，再将鱼肉
压碎。

② 将菠菜洗净、焯烫后，切碎。

③ 加热白米粥，放入鳕鱼、菠菜煮滚后即可。

91

土豆芝士粥

材料 白米粥60克，土豆20克，菜豆3个，原味芝士1/2片，海带高汤60毫升

做法

1. 土豆煮熟后，去皮、切块、磨成泥，备用。
2. 菜豆焯烫后，磨碎，备用。
3. 将白米粥加入海带高汤一起熬煮，再放入土豆和菜豆煮熟。
4. 最后放入芝士，使其溶化后盛入碗中即可。

丁香鱼粥

材料 白米稀粥60克，丁香鱼20克，菠菜10克，海带高汤适量

做法

1. 菠菜洗净、焯烫捞出，切碎，备用。
2. 丁香鱼放入滤网，用开水冲洗，去掉盐分后切碎备用。
3. 锅中放入海带高汤和白米稀粥，再放入丁香鱼、菠菜，煮至食材软烂即可。

紫茄菠菜粥

材料 白饭30克，紫茄20克，菠菜20克，猪绞肉10克，海带高汤100毫升

做法

① 紫茄洗净、去皮后，切碎。

② 菠菜洗净、焯烫后，切碎。

③ 将白饭、水和海带高汤放入锅中熬煮成粥。

④ 当米粒膨胀时，加入猪绞肉和紫茄一起熬煮。

⑤ 最后放入菠菜，略煮片刻即可。

134

水梨胡萝卜粥

材料 白米饭30克，水梨20克，
胡萝卜15克

做法
❶ 水梨洗净去皮、磨成泥；胡萝
卜去皮、蒸熟后，磨泥备用。
❷ 小锅中放入白米饭和适量水熬
煮成粥。
❸ 最后放入胡萝卜泥和水梨泥拌
匀，即可关火。

95

红薯炖水梨

材料 红薯30克，水梨30克

做法
❶ 将红薯、水梨洗净后，去皮、
切小丁。
❷ 锅中放入红薯丁及水梨丁，加
适量水熬煮至软烂即可。

96

红薯炖苹果

材料 红薯30克，苹果
30克

做法

① 将红薯、苹果去皮后，切成小丁。

② 锅中放入切好的红薯丁和苹果丁，加入适量的水一
起炖煮。

③ 待红薯丁和苹果丁煮至软烂即可起锅。

97

胡萝卜甜粥

材料 白米饭30克，苹果泥15克，胡萝卜15克

做法

❶ 胡萝卜洗净去皮、蒸熟，磨泥后备用。

❷ 锅中放入白米饭，加入适量水，用小火熬煮成粥，需不停搅拌。

❸ 待米粒软烂后，放入其他食材拌匀即可。

土豆瘦肉粥

材料 白米粥60克，土豆20克，瘦猪绞肉10克，胡萝卜10克，高汤45毫升

做法

❶ 土豆、胡萝卜蒸熟后，磨碎。

❷ 锅中放入白米粥、猪绞肉和高汤煮滚。

❸ 最后放入磨好的土豆和胡萝卜，稍煮片刻即可关火。

梨栗南瓜粥

材料 白米粥60克，梨
子15克，板栗3
个，南瓜10克

做法

1. 梨子去皮，磨成泥。
2. 板栗蒸熟后磨碎；南瓜蒸熟后，去皮、磨成泥。
3. 将白米粥加热，放入板栗泥和南瓜泥一起熬煮，并
   搅拌均匀。
4. 最后再放入梨子泥，稍煮片刻即可。

鲑鱼香蕉粥

材料 鲑鱼60克，香蕉60克，水
发大米100克

做法

① 香蕉、鲑鱼切丁；水发大米在
干磨机中打成米碎。

② 砂锅注入适量清水，倒入米
碎，搅匀。

③ 用大火煮开后转小火续煮30分
钟至米碎熟软。

④ 放入切好的香蕉丁、鲑鱼丁，
煮3分钟至食材熟软即可。

嫩鸡胡萝卜粥

材料 白米饭30克，胡萝卜10
克，鸡胸肉20克，土豆20
克，洋葱5克，鸡高汤适量

做法

① 鸡胸肉洗净、水煮后，切碎。

② 胡萝卜、土豆与洋葱分别洗
净、去皮、切碎。

③ 米饭加水和高汤一起熬粥。

④ 再放进鸡肉、胡萝卜、土豆、
洋葱，煮至食材熟软即可。

Chapter 4

10 ~ 12 个月宝贝辅食添加

　　10 ~ 12 个月的宝宝，爸爸妈妈可以为宝宝制作一些烂饭、面饼、肉末、碎菜和水果等食物，丰富食物种类。还可以适当增加宝宝的食量，每日喂食 2 ~ 3 次辅食，代替 1 ~ 2 次母乳，以补充宝宝身体发育所需的营养元素。

胡萝卜山竹柠檬汁

材料 山竹200克，去皮胡萝卜160克，柠檬50克

做法

❶ 柠檬切瓣儿；胡萝卜切成块；山竹去柄，切开去皮，取出果肉，待用。

❷ 备好榨汁机，倒入山竹、胡萝卜块、柠檬，倒入适量的凉开水。

❸ 盖上盖，调至1档，榨取蔬果汁。

❹ 将榨好的蔬果汁倒入杯中即可。

南瓜芦荟汁

材料 去皮南瓜200克，芦荟100克，蜂蜜适量

做法

❶ 南瓜切块，倒入沸水锅中，用大火煮10分钟至熟软。

❷ 捞出煮熟的南瓜块，待用。

❸ 榨汁机中倒入熟南瓜块、芦荟块，注入70毫升凉开水，榨约20秒成南瓜芦荟汁。

❹ 断电后将榨好的南瓜芦荟汁倒入杯中，淋上适量蜂蜜即可。

芦荟柠檬汁

材料 芦荟60克，柠檬70克，蜂蜜20克

做法

❶ 芦荟去皮，取出瓤肉；柠檬切成瓣儿，去除皮。

❷ 取榨汁杯，倒入芦荟、柠檬，注入适量的凉开水。

❸ 装在机座上，调转旋钮到1档，开始榨汁。

❹ 待时间到，揭开盖，将蔬果汁倒入杯中，淋上蜂蜜即可。

马蹄藕粉

 材料 马蹄肉85克，西
蓝花70克，藕粉
60克

做法

❶ 汤锅中注水烧开，放入洗好的西蓝花，煮至断生后
捞出，备用。

❷ 将马蹄肉剁成末；西蓝花切碎，剁成末，备用。

❸ 锅中注水烧开，放入马蹄、西蓝花，用小火煮沸。

❹ 倒入适量藕粉，搅拌匀，大火烧开。

❺ 把煮好的马蹄藕粉盛出，装入碗中即可。

香蕉葡萄汁

材料 香蕉150克，葡萄120克

做法

① 香蕉去皮，果肉切成小块。

② 取榨汁机，选择搅拌刀座组合，将葡萄去皮、去籽倒入搅拌杯中。

③ 再加入切好的香蕉，倒入适量纯净水。

④ 盖上盖，选择"榨汁"功能，榨取果汁，倒入杯中即可。

三文鱼泥

材料 三文鱼肉120克，盐少许

做法

① 蒸锅上火烧开，放入处理好的三文鱼肉，用中火蒸约15分钟至熟，放凉待用。

② 取一个干净的大碗，放入三文鱼肉，压成泥状。

③ 加入少许盐，搅拌均匀至其入味，即可。

燕麦南瓜泥

材料 南瓜250克，燕麦
55克，盐少许

做法

1. 将去皮洗净的南瓜切成片。

2. 燕麦装入碗中，加入少许清水浸泡一会。

3. 蒸锅置于旺火上烧开，放入南瓜、燕麦，用中火蒸5
   分钟至燕麦熟透。

4. 将蒸好的燕麦取出，备用；继续蒸5分钟至南瓜熟软
   后取出。

5. 取一个干净的玻璃碗，倒入南瓜、燕麦，加入盐，
   搅拌成泥状即可。

鸡汁土豆泥

材料 土豆200克，鸡汁100毫升，盐2克

做法

❶ 土豆洗净切小块，放入蒸锅中蒸熟取出，压成泥状。

❷ 锅中注水烧开，倒入鸡汁，放入盐，拌匀煮至沸腾。

❸ 倒入土豆泥，拌煮1分30秒至熟透，起锅，盛出煮好的土豆泥，装入碗中即可。

胡萝卜泥

材料 胡萝卜130克

做法

❶ 胡萝卜洗净切片，装在蒸盘中，蒸锅上火烧开，用中火蒸约15分钟至食材熟软。

❷ 取出蒸好的胡萝卜，放入榨汁机，选择搅拌刀座组合，盖上盖子。

❸ 通电后选择"搅拌"功能，搅拌一会，制成胡萝卜泥，断电后装碗即成。

猕猴桃泥

材料 猕猴桃90克

做法

① 洗净去皮的猕猴桃去除头尾，切开，去除硬心，再切成薄片，剁成泥。

② 取一个干净的小碗，盛入做好的猕猴桃泥即可。

茄子泥

材料 茄子200克，盐少许

做法

❶ 茄子去头尾，去皮，改切成细条，放入蒸锅中，用中火蒸约15分钟至其熟软，取出放凉。

❷ 将茄条放在案板上，压成泥状，装入碗中，加入少许盐，搅拌均匀，至其入味即可。

玉米菠菜糊

材料 菠菜100克，玉米粉150克，鸡粉2克，盐、食用油各少许

做法

❶ 玉米粉装入碗中，倒入清水，搅成糊状；菠菜切成粒。

❷ 锅中注水烧开，放入食用油、盐、鸡粉、菠菜，煮沸。

❸ 一边搅拌，一边倒入备好的玉米面糊，再搅拌片刻，煮约2分30秒，关火盛出即可。

奶香土豆泥

材料 土豆250克，配方奶粉15克

做法

❶ 将适量开水倒入配方奶粉中，搅拌均匀。

❷ 土豆切成片，放入蒸锅上火烧开，用大火蒸30分钟至其熟软。

❸ 用刀背将土豆压成泥，放入碗中。将调好的配方奶倒入土豆泥中，搅拌均匀即可。

鸡肉糊

材料 鸡胸肉30克，粳米粉45克

做法

❶ 鸡胸肉切成泥，倒入锅中，注入适量开水。

❷ 稍煮片刻至鸡肉泥转色，盛出煮好的鸡肉泥。

❸ 取榨汁机，倒入冷却后的鸡肉泥榨约半分钟。

❹ 倒入奶锅中，加入粳米粉，用小火搅拌5分钟至鸡肉糊黏稠。

❺ 关火后盛出煮好的鸡肉糊，过滤到碗中即可。

豌豆糊

材料 豌豆120克，鸡汤200毫升，盐少许

做法

❶ 锅中注水，倒入豌豆，烧开后小火煮15分钟，捞出。

❷ 取榨汁机，倒入豌豆、100毫升鸡汤，榨豌豆鸡汤汁。

❸ 把剩余的鸡汤倒入汤锅中，加入豌豆鸡汤汁，搅散后小火煮沸，放入少许盐，装碗即可。

鸡肉橘子米糊

材料 水发大米130克，
橘子肉60克，鸡
胸肉片40克

做法

❶ 沸水锅中倒入鸡胸肉片，煮约2分钟，捞出沥干，切碎，待用。

❷ 橘子肉剥去外膜，取出瓤肉，捏碎。

❸ 取出榨汁机，揭盖，倒入大米，注水。

❹ 加盖，旋钮调至档位"2"，榨约30秒成米浆。

❺ 砂锅置火上，倒入榨汁机中的米浆，搅匀。

❻ 加盖，用大火煮开后转小火煮15分钟成米糊。

❼ 揭盖，倒入鸡胸肉、橘子瓤肉，大火煮约5分钟至食材熟软即可。

牛肉胡萝卜粥

材料 水发大米80克，胡萝卜40克，牛肉50克

做法

❶ 洗净的胡萝卜切成丝，洗好的牛肉切片。

❷ 沸水锅中倒入牛肉，汆去血水，捞出，沥干水分，装碟放凉后切碎。

❸ 砂锅注水烧热，倒入牛肉、泡好的大米，煮至食材转色。

❹ 放入切丝的胡萝卜，翻炒片刻至断生，注入适量清水，煮至食材熟软即可。

香蕉粥

材料 去皮香蕉250克，水发大米400克

做法

❶ 香蕉切丁。

❷ 砂锅中注入适量清水烧开，倒入大米。

❸ 盖上盖，大火煮20分钟至熟。

❹ 揭盖，放入香蕉，搅拌均匀。

❺ 续煮2分钟至食材熟软，揭盖，搅拌均匀即可。

枣泥小米粥

材料 小米85克，红枣 20克

做法

❶ 蒸锅上火烧沸，放入红枣，蒸至红枣变软。

❷ 将放凉的红枣切开，取出果核，捣成红枣泥。

❸ 汤锅中注入适量清水烧开，倒入洗净的小米，搅拌几下。

❹ 用小火煮约20分钟至米粒熟透。

❺ 取下盖子，搅拌几下，再加入红枣泥，搅拌匀。

❻ 续煮片刻至沸腾，关火，装入碗中即成。

南瓜麦片粥

材料 南瓜肉150克，燕麦片80克，白糖8克

做法

❶ 砂锅中注水烧开，倒入南瓜肉煮至熟软，压成泥状。

❷ 再倒入燕麦片，搅匀，中火煮约3分钟，至食材熟透。

❸ 加入适量白糖，搅拌匀，煮至白糖溶化即可。

土豆稀粥

材料 米碎90克，土豆70克

做法

❶ 土豆切小块，放在蒸盘中，放到蒸锅内用中火蒸20分钟至土豆熟软。

❷ 放凉压碎，碾成泥状。

❸ 砂锅中注入适量清水烧开，倒入备好的米碎，搅拌均匀。

❹ 烧开后用小火煮20分钟至米碎熟透。

❺ 揭盖，倒入土豆泥，搅拌均匀，继续煮5分钟即成。

雪梨稀粥

材料 水发米碎100克，
雪梨65克

做法

① 雪梨切开小块，倒入榨汁机，注入少许清水。

② 选择"榨汁"功能，榨取汁水，过滤。

③ 砂锅中注入适量清水烧开，倒入米碎，搅拌均匀。

④ 烧开后用小火煮约20分钟至熟。

⑤ 揭开盖，倒入雪梨汁拌匀，用大火煮2分钟即可。

豌豆鸡肉稀饭

材料 豌豆25克，鸡胸肉50克，
菠菜60克，胡萝卜45克，
软饭180克，盐2克

做法

❶ 汤锅中注水烧开，放入鸡胸
肉、豌豆，用小火煮5分钟，放
入菠菜，烫煮至熟软，捞出。

❷ 把菠菜、豌豆、鸡胸肉剁成
末；胡萝卜切成粒。

❸ 汤锅中注水烧开，倒入软饭，
搅散，煮至软烂。

❹ 倒入胡萝卜，煮至熟透；倒入
鸡胸肉、豌豆末、菠菜，拌煮
约1分钟，再加盐调味即可。

嫩豆腐稀饭

材料 豆腐90克，菠菜60克，秀
珍菇30克，软饭170克，
盐2克

做法

❶ 锅中注水烧开，放入豆腐，焯
煮片刻，捞出备用。

❷ 把洗净的秀珍菇、菠菜烫煮至
断生，捞出沥干，备用。

❸ 菠菜、秀珍菇切碎，剁成末；
将豆腐压碎，再剁成末。

❹ 汤锅中注水烧开，倒入软饭煮
软烂，倒入菠菜、秀珍菇，搅
拌一会，调成小火，放入豆
腐，拌煮30秒钟，加入盐调味
即可。

水蒸鸡蛋糕

材料 鸡蛋2个，玉米粉85克，泡打粉5克，白糖5克，生粉、食用油各适量

做法

❶ 将鸡蛋打裂，蛋清、蛋黄分开待用。

❷ 取一个碗，放入玉米粉、蛋黄、白糖、泡打粉、少许清水，拌至起劲，静置发酵15分钟，即成玉米面糊。

❸ 取蛋清，用打蛋器快速搅拌匀，加入适量生粉，搅匀，打散，至起白色泡沫。

❹ 另取一小碗，抹上食用油，放入玉米面糊，在中间处挤压出一个小窝，将蛋清倒入窝中，静置片刻，制成鸡蛋糕生坯，放入蒸锅，用中火蒸约15分钟至鸡蛋糕熟透即可。

25

乳酪香蕉羹

材料 奶酪20克，熟鸡蛋1个，
香蕉1根，胡萝卜45克，
牛奶180毫升

做法

❶ 将洗净的胡萝卜切成粒；将香
蕉去皮，剁成泥状。

❷ 熟鸡蛋去壳，取出蛋黄，用刀
把蛋黄压碎。

❸ 汤锅中注水烧热，倒入胡萝卜
煮熟，捞出，切碎，剁成末。

❹ 汤锅中注入牛奶烧热，倒入香
蕉泥，搅拌均匀。

❺ 再倒入胡萝卜，拌匀煮沸，倒
入鸡蛋黄、乳酪，拌匀即可。

橙子南瓜羹

材料 南瓜200克，橙子120克，
冰糖适量

做法

❶ 洗净去皮的南瓜切成片；橙子
切取果肉，再剁碎。

❷ 蒸锅上火烧开，放入南瓜片蒸
至软烂，取出放凉。

❸ 将放凉的南瓜放入碗中，捣成
泥状，待用。

❹ 锅中注水烧开，倒入冰糖，煮
至溶化。

❺ 倒入南瓜泥，搅散，倒入橙子
肉，稍煮一会即可。

五彩黄鱼羹

材料 小黄鱼200克，西芹50克，胡萝卜50克，松子仁50克，鲜香菇50克，葱末、姜丝各适量，食用油、盐、料酒、水淀粉、胡椒粉、芝麻油各适量

做法

1. 处理好的小黄鱼剔骨，切成丁。
2. 洗净的西芹、胡萝卜、香菇切成丝。
3. 热锅注油烧热，倒入葱末、姜丝，炒香。
4. 倒入适量清水，放入西芹、胡萝卜、香菇。
5. 再放入松子仁、鱼肉，拌匀煮至熟。
6. 加入盐、料酒、胡椒粉，搅拌调味。
7. 倒入水淀粉勾芡，滴入少许芝麻油，拌匀提香即可。

28

肉松鸡蛋羹

材料 鸡蛋1个，肉松30克，葱花、盐各少许

做法

❶ 取茶杯或碗，打入鸡蛋，加入盐，注入30毫升清水，将鸡蛋打成蛋液。

❷ 封上保鲜膜，放入蒸锅，加盖，用大火蒸10分钟成蛋羹。

❸ 揭盖，用夹子取出蒸好的蛋羹，撕开保鲜膜，在蛋羹上放上肉松，最后撒上葱花即可。

栗子红枣羹

材料 栗子100克，红枣30克

做法

❶ 栗子去壳、洗净，煮熟之后去皮，切成末。

❷ 红枣泡软，去核，切成末。

❸ 锅中注入适量清水烧沸。

❹ 倒入栗子、红枣，烧沸后转小火煮5分钟。

❺ 关火盛出即可。

土豆胡萝卜肉末羹

材料 土豆110克，胡萝卜85克，肉末50克

做法

❶ 土豆洗净切成块，胡萝卜切成片，放入烧开的蒸锅中蒸熟。

❷ 取榨汁机，把土豆、胡萝卜倒入杯中，加入适量清水，榨取土豆胡萝卜汁。

❸ 砂锅中注入适量清水烧开，放入肉末，倒入榨好的蔬菜汁，拌匀煮沸，煮至食材熟透即可。

31

百宝豆腐羹

材料 豆腐30克，鸡肉10克，香菇1朵，虾仁30克，菠菜40克

做法

1. 将鸡肉、虾仁洗净剁成泥。
2. 香菇泡发后去蒂，切成丁。
3. 菠菜焯水后切段，再切成末；豆腐压成泥。
4. 锅置火上，倒入适量清水，煮沸后放入鸡肉泥、虾仁泥、香菇丁。
5. 煮沸，放入豆腐泥、菠菜末，小火煮熟即可。

32

蛋黄豆腐羹

材料 豆腐50克，熟鸡蛋黄20克

做法

1. 豆腐洗净，用勺背压成泥。
2. 锅中注入适量清水，倒入备好的豆腐泥。
3. 熬煮至汤汁变稠。
4. 将熟鸡蛋黄压碎，撒入锅中。
5. 稍煮片刻即可。

33

紫菜墨鱼丸汤

材料 墨鱼肉150克，瘦肉250克，紫菜15克，葱花、香菜末各少许，淀粉、盐、猪油、胡椒粉各适量

做法

1. 紫菜洗净，用清水泡发，备用。
2. 洗净的墨鱼肉、猪肉剁成泥，装入碗中。
3. 将淀粉、盐、猪油加入肉泥内，顺时针搅拌上劲。
4. 把肉泥逐一捏制成丸子，待用。
5. 热锅注油烧至七成热，倒入丸子，炸至金黄色，捞出沥油。
6. 锅中注水烧开，放入鱼丸、紫菜，大火煮沸后转小火煨10分钟。
7. 撒入葱花、胡椒粉、香菜末，拌匀即可。

山药羹

35

材料 山药50克

做法

1️⃣ 山药去皮洗净，切成小块。

2️⃣ 放入蒸锅中蒸熟，压成泥。

3️⃣ 锅置火上，倒入适量清水煮沸，放入山药搅拌均匀。

4️⃣ 用小火煮至羹状即可。

时蔬羹

36

材料 胡萝卜20克，莴笋20克，西芹20克

做法

1️⃣ 胡萝卜洗净去皮，切成丁。

2️⃣ 莴笋去皮洗净，切成丁。

3️⃣ 西芹择去老叶，洗净，切成丁，备用。

4️⃣ 锅中注入适量清水烧沸，倒入胡萝卜丁、莴笋丁、西芹丁。

5️⃣ 小火慢慢煮至熟软即可。

核桃红枣羹

材料 核桃30克，红枣 50克

做法

❶ 核桃去皮，切成末。

❷ 红枣泡软后去核，切成末。

❸ 锅中注入适量清水烧沸，倒入核桃、红枣。

❹ 同煮5分钟至熟即可。

37

胡萝卜肉末汤

材料 胡萝卜50克，猪肉20克

做法

1. 猪肉洗净，剁成末。
2. 胡萝卜洗净去皮，切成丁。
3. 锅中注入适量清水烧沸，倒入肉末、胡萝卜丁。
4. 煮沸后转小火煨熟即可。

南瓜牛肉汤

材料 南瓜100克，牛肉30克

做法

1. 南瓜去皮洗净，切成丁。
2. 牛肉洗净，切成粒，汆水后捞出，备用。
3. 锅中注入适量清水烧沸，倒入牛肉丁。
4. 煮沸后，转小火煲2小时。
5. 放入南瓜丁，煮熟即可。

什锦豆腐汤

材料 豆腐200克，猪血170克，木耳、香菇、葱末、榨菜末各适量，盐3克，核桃油适量

做法

① 洗净的木耳切成碎；水发香菇切成片。

② 豆腐切成小块，猪血切成块，待用。

③ 热锅注水煮沸，放入香菇粒、木耳碎。

④ 放入豆腐块、猪血块，轻轻搅拌均匀。

⑤ 放入榨菜末、盐、核桃油，煮至熟透。

⑥ 关火，将烹制好的食材盛至碗中，撒上葱末即可。

南瓜绿豆汤

材料 绿豆30克，南瓜30克

做法
1. 绿豆洗净；南瓜去皮洗净，切成小丁。
2. 锅中注入适量清水烧沸，倒入绿豆煮至熟软。
3. 倒入南瓜丁，搅拌均匀。
4. 将南瓜丁煮熟。
5. 关火盛出即可。

水果麦片粥

材料 麦片80克，牛奶100毫升，苹果50克

做法
1. 苹果洗净去皮，去核，切成小丁，备用。
2. 锅中注入适量清水烧沸，倒入麦片、苹果，煮约2分钟。
3. 倒入牛奶，小火煮沸。
4. 关火盛出即可。

猪肉青菜粥

材料 大米、青菜各50克，猪肉30克，葱末、姜末各适量，生抽、盐、食用油各适量

做法

❶ 大米洗净；猪肉洗净，剁成末；青菜洗净，剁成末。

❷ 锅内放入适量大米和清水，大火烧沸，改用小火熬煮。

❸ 油锅烧热，放入猪肉末，加入葱末、姜末、生抽、盐翻炒均匀。

❹ 放入青菜末翻炒片刻，用盘子盛出，待用。

❺ 倒入米粥锅中同煮10分钟左右，盛出装碗即可。

43

香甜金银米粥

材料 小米80克，大米100克，
肉松适量

做法
1. 大米、小米淘洗干净。
2. 锅中注入适量清水烧沸，倒入
   大米、小米。
3. 盖上盖子，大火煮沸后转小火
   煮熟。
4. 揭盖，倒入肉松，搅拌均匀。
5. 把肉松煮熟，关火盛出即可。

高粱米粥

材料 高粱米30克，红枣10颗，
牛奶适量

做法
1. 高粱米洗净，放入锅中炒黄。
2. 红枣洗净去核，放入锅中炒
   焦，备用。
3. 将炒好的高粱米、红枣一起研
   成细末。
4. 每次取半勺，加入牛奶同煮。
5. 每日进食2次即可。

鳕鱼海苔粥

材料 水发大米100克，海苔10克，鳕鱼50克

做法
1. 洗净的鳕鱼切碎；海苔切碎。
2. 取出榨汁机，将大米放入干磨杯中，磨至粉碎，待用。
3. 砂锅置火上，倒入米碎，注入适量清水，倒入鳕鱼，搅拌均匀。
4. 加盖，用大火煮开后转小火煮30分钟至食材熟软。
5. 揭盖，放入切好的海苔，搅匀即可。

鸡汤碎面

材料 儿童面50克，鸡汤适量

做法

① 锅中倒入适量鸡汤煮沸。

② 放入儿童面。

③ 小火煮至面条熟软。

④ 关火盛出即可。

西红柿烂面条

材料 西红柿50克，儿童面50克

做法

① 西红柿洗净，用热水烫一下。

② 剥去西红柿皮，将西红柿捣成泥，备用。

③ 锅中注入适量清水烧沸，放入碎面条。

④ 大火煮沸后放入西红柿泥。

⑤ 煮至面条熟软，关火盛出碗中即可。

鸡毛菜面

材料 鸡毛菜40克，儿
童面20克

做法

❶ 将鸡毛菜择洗干净，放入沸水锅中焯熟，捞出沥
干，捣成泥。

❷ 锅中注入适量清水烧沸，放入碎面条煮熟。

❸ 关火后将面条盛出。

❹ 加入适量鸡毛菜泥即可。

49

鸡汁蛋末

材料 熟鸡蛋1/2个，鸡汤适量

做法
1. 将熟鸡蛋切碎。
2. 锅中注入适量鸡汤烧沸。
3. 倒入鸡蛋碎，一边加热一边搅拌均匀。
4. 关火盛出即可。

肉末海带碎

材料 肉末20克，海带20克

做法
1. 海带洗净，切成小丁。
2. 锅中注入适量清水烧沸，倒入肉末、海带丁。
3. 大火煮沸后转小火，煨至海带熟软。
4. 关火盛出即可。

油菜蛋羹

材料 鸡蛋1个，油菜叶100克，猪瘦肉适量，盐、葱、芝麻油各适量

做法

1. 油菜叶择去老叶，洗净，切成碎末。
2. 猪肉洗净，切成末；葱洗净，切碎。
3. 鸡蛋磕入碗中，加入油菜碎、肉末、盐、葱末、芝麻油拌匀，制成蛋液。
4. 将混合蛋液放入蒸锅中，蒸6分钟左右即可。

52

苹果片

材料 苹果1个

做法

① 将苹果洗净削皮。

② 用刀切成薄片。

③ 锅内倒入适量清水烧开。

④ 将苹果放入碗中隔水蒸熟。

⑤ 关火取出即可。

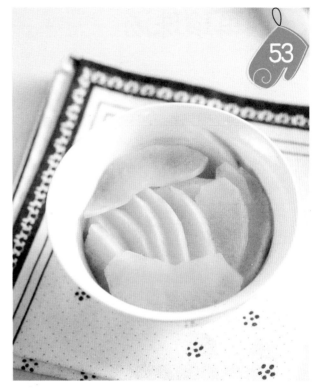

银鱼蒸鸡蛋

材料 银鱼10克，鸡蛋1个

做法

① 银鱼洗净，用温水泡发。

② 鸡蛋磕入碗中，打散。

③ 将银鱼倒入鸡蛋液中，搅匀。

④ 注入等量温开水，搅拌均匀。

⑤ 放入蒸锅中蒸熟即可。

银耳珍珠汤

材料 银耳25克，鸡胸肉150克，鸡蛋2克，番茄酱、菠菜汁、水淀粉、高汤、芝麻油、盐、料酒各适量

做法

1. 银耳泡发去蒂，放入大碗中，加高汤、盐，用碗盖封口，上锅蒸10分钟，制成银耳高汤。
2. 鸡胸肉剔净筋皮，砸成鸡蓉，放入锅内，加蛋清、料酒、盐、水淀粉拌匀。
3. 鸡蓉逐一制成小丸子，放沸水中煮熟。
4. 银耳高汤放入锅内，加盐、番茄酱、菠菜汁，煮沸。
5. 再下入丸子，稍煮一会儿，淋入芝麻油即可。

55

虾仁豆腐泥

材料 虾仁45克，豆腐180克，胡萝卜50克，高汤200毫升，盐2克

做法

❶ 胡萝卜切粒；豆腐压碎；挑去虾仁的虾线，虾仁剁成末。

❷ 锅中倒入适量高汤，放入切好的胡萝卜粒，盖盖，烧开后用小火煮5分钟至胡萝卜熟透。

❸ 揭盖，放入适量盐，下入豆腐，搅匀煮沸。

❹ 倒入准备好的虾肉末，搅拌均匀，煮片刻即可。

豆腐鲫鱼汤

材料 鲫鱼200克，豆腐100克

做法

❶ 备好的豆腐切成小块；鲫鱼处理干净，去皮，去骨，切小块，备用。

❷ 锅中注入适量清水烧沸，倒入豆腐块稍煮片刻。

❸ 倒入鲫鱼，大火煮沸后转小火煮熟即可。

蛋黄米糊

材料 咸蛋黄1个，大米65克，盐少许

做法
1 取榨汁机，将大米磨成米碎。
2 把磨好的米碎盛入碗中，加入适量清水，调匀制成米浆备用。
3 奶锅中倒入适量清水，倒入米浆，搅拌一会。
4 调成小火，持续搅拌2分30秒，煮成米糊，加入盐，略搅拌。
5 再放入压碎的蛋黄末，拌煮片刻即可。

雪梨菠菜稀粥

材料 雪梨120克，菠菜80克，
水发米碎90克

做法

❶ 雪梨切块，菠菜切段，分别榨
取汁水。

❷ 砂锅中注入少许清水烧开，倒
入备好的米碎。

❸ 烧开后用小火煮约10分钟，倒
入菠菜汁。

❹ 再盖上盖，用中火续煮约10分
钟至食材熟透。倒入雪梨汁，
用大火煮沸即可。

板栗糊

材料 板栗肉150克，白糖10克

做法

❶ 板栗肉改切成小块，加适量清
水，榨出板栗汁。

❷ 把板栗汁倒入砂锅中，用中火
煮约3分钟。

❸ 撒上白糖，搅拌均匀，煮至白
糖完全溶化，关火盛出即可。

鲜奶玉米汁

材料 鲜奶60毫升，玉米粒80克

做法

❶ 备好榨汁机，倒入玉米粒、鲜奶，加入少许清水，开始榨汁。

❷ 热锅中倒入过滤好的玉米汁，大火煮开即可。

61

橘子稀粥

材料 水发米碎90克，橘子果肉
60克

做法

❶ 取榨汁机，选择搅拌刀座组
合，放入橘子肉，注入适量温
开水，榨取果汁。

❷ 砂锅中注入适量清水烧开，倒
入米碎，搅拌均匀。

❸ 烧开后用小火煮约20分钟至其
熟透。

❹ 揭盖，倒入橘子汁，搅拌匀，
盛到碗中即可。

62

蔬菜蛋黄羹

材料 包菜100克，胡萝卜85
克，鸡蛋2个，香菇40克

做法

❶ 香菇洗净切成粒，胡萝卜切
粒，包菜切细丝。

❷ 锅中注入适量清水烧开，加入
胡萝卜，煮2分钟。

❸ 放入香菇、包菜，拌匀，煮至
熟软，捞出沥干。

❹ 鸡蛋打开，取出蛋黄，装入碗
中，注入少许温开水，放入焯
过水的材料，拌匀，放入蒸
锅，用中火蒸15分钟即可。

63

64

肉末茄泥

材料 肉末90克，茄子120克，上海青、盐各少许，生抽、食用油各适量

做法

❶ 把茄子去皮切条蒸熟，晾凉压烂，剁成泥。

❷ 用油起锅，倒入肉末，翻炒至转色，放入生抽翻炒均匀。

❸ 放入切好的上海青粒，炒匀。

❹ 把茄子泥倒入锅中，加入少许盐，翻炒均匀，盛出装盘即可。

西红柿丸子豆腐汤

材料 西红柿80克，豆腐85克，肉丸60克，葱花、姜片各少许，盐、鸡粉、胡椒粉、食用油各适量

做法

❶ 豆腐洗净切小方块，西红柿洗净切块。

❷ 用油起锅，加适量清水烧开，倒入肉丸，再加入豆腐。

❸ 加入盐、鸡粉、胡椒粉、姜片，煮约3分钟后。

❹ 倒入西红柿，中火再煮1分钟至熟透，撒入葱花即成。

小米鸡蛋粥

材料 小米300克，鸡蛋40克，盐、食用油各适量

做法

❶ 砂锅中倒入适量清水煮沸，加入小米煮至熟软。

❷ 放入适量的盐和食用油，搅拌均匀。

❸ 打入鸡蛋，小火煮熟鸡蛋，最后将粥盛入碗中，把鸡蛋放在粥面上即可。

香菇大米粥

材料 水发大米120克，鲜香菇30克，盐、食用油各适量

做法

❶ 砂锅中注清水烧开，倒入大米，煮至熟软。

❷ 揭开锅盖，倒入切好的香菇粒，加入少许盐、食用油，搅拌均匀。

❸ 关火后盛出煮好的粥，装入碗中，待稍微放凉即可食用。

67

玉米胡萝卜粥

材料 玉米粒250克，胡萝卜240克，水发大米250克

做法

❶ 砂锅注入适量的清水，用大火烧开。

❷ 倒入备好的大米、胡萝卜、玉米粒，搅拌片刻。

❸ 盖上锅盖，煮开后转小火煮30分钟至熟软，持续搅拌片刻，盛入碗中即可。

苹果玉米粥

材料 玉米碎80克，熟蛋黄1个，苹果50克

做法

❶ 苹果剁碎，蛋黄切成细末。

❷ 砂锅中注入适量清水烧开，倒入玉米碎。

❸ 盖上盖，烧开后用小火煮约15分钟至其呈糊状。

❹ 揭开锅盖，倒入苹果碎，撒上蛋黄末，搅拌均匀即可。

鲜香菇豆腐脑

材料 内酯豆腐1盒，木耳、鲜香菇各少许，盐2克，生抽2毫升，老抽2毫升，水淀粉3毫升

做法

1 洗净的香菇切片，切成粒；木耳切丝，切成粒。

2 把豆腐装碗，放入烧开的蒸锅中，用中火蒸5分钟至熟，待用。

3 用油起锅，倒入香菇、木耳，炒匀。

4 注入适量清水，加入适量盐、生抽、老抽，拌匀煮沸。

5 倒入适量水淀粉勾芡，淋在豆腐上即可。

玉米小米豆浆

材料 玉米碎8克，小米10克，
水发黄豆40克

71

做法

❶ 黄豆提前8小时浸泡，所有食材
洗净沥干。

❷ 洗净的食材倒入豆浆机中，注
入适量清水，开始打浆。

❸ 把煮好的豆浆倒入滤网，滤取
豆浆即可。

青菜碎面

材料 青菜20克，儿童面50克

72

做法

❶ 青菜洗净，切成小段。

❷ 锅中注入适量清水烧沸，下入
儿童面。

❸ 小火煮至面条半熟，再下入切
好的青菜。

❹ 续煮至面条熟烂、青菜熟透，
关火盛出即可。

紫菜豆腐羹

豆腐260克，西红柿65克，鸡蛋1个，水发紫菜200克，葱花少许，盐2克，鸡粉2克，芝麻油、水淀粉、食用油各适量

做法

① 洗净的西红柿切成小丁块；豆腐切成小方块；鸡蛋打入碗中，打散调匀，制成蛋液，备用。

② 锅中注水烧开，倒入油、西红柿，略煮片刻；倒入豆腐块，拌匀；加入少许鸡粉、盐、紫菜，拌匀。

③ 用大火煮至食材熟透，倒入水淀粉勾芡，倒入蛋液，边倒边搅拌，至蛋花成形。

④ 淋入少许芝麻油，搅拌至食材入味，装入碗中，撒上葱花即可。

鲜虾丸子清汤

材料 虾肉50克，蛋清20克，包菜30克，菠菜30克

做法

① 将洗净的菠菜、包菜切碎。

② 洗净的虾肉去虾线，切碎，再剁成泥状装入碗中，倒入蛋清，搅拌匀。

③ 锅中注水烧开，倒入包菜、菠菜，搅拌片刻，捞出沥干。

④ 另起锅，注水烧开，用勺子将虾泥制成丸子，逐一放入热水中，再倒入氽过水的食材，搅拌片刻即可。

绿豆莲子粥

材料 绿豆50克，莲子20克

做法

① 将绿豆、莲子洗净，用清水浸泡30分钟。

② 锅中注入适量清水烧沸，倒入绿豆、莲子同煮。

③ 加盖，大火煮沸后转小火煮至熟软。

④ 揭盖，搅拌均匀即可。

山药蛋粥

材料 山药120克，
鸡蛋1个

做法

❶ 将山药切成薄片，放入蒸锅，再放入装有鸡蛋的小碗。

❷ 盖上锅盖，用中火蒸约15分钟至食材熟透，取出晾凉。

❸ 把放凉的山药捣成泥状，盛放在碗中。

❹ 将放凉的熟鸡蛋去壳，取蛋黄。

❺ 将蛋黄放入装有山药泥的碗中，压碎，搅拌均匀。

❻ 另取一个小碗，盛入拌好的食材即成。

76

枸杞粳米粥

材料 枸杞10克，粳米50克

做法

① 枸杞洗净，粳米淘洗干净。

② 锅中注入适量清水烧沸，放入粳米，大火煮沸后转小火煮至熟软。

③ 倒入枸杞，搅拌均匀。

④ 小火煮至枸杞熟软即可。

花生核桃粥

材料 花生20克，核桃3个，大米50克

做法

① 花生剥去红衣，洗净；核桃去壳，掰成小块。

② 锅中注入适量清水烧沸，倒入大米，大火煮沸后转小火煮至熟软。

③ 倒入花生、核桃，搅拌均匀。

④ 稍煮片刻至食材入味，关火盛出即可。

小米山药粥

材料 水发小米120克，
山药95克，盐适量

做法

❶ 洗净去皮的山药切成厚块，再切条，改切成丁。

❷ 砂锅中注入适量清水烧开，倒入洗好的小米，放入
　　山药丁，搅拌匀。

❸ 盖上盖，用小火煮30分钟，至食材熟透。

❹ 揭开盖，放入适量盐。

❺ 用勺搅拌片刻，使其入味。

❻ 盛出煮好的小米粥，装入碗中即可。

蔬菜煎饼

材料 胡萝卜、青菜各100克，
面粉200克，鸡蛋1个，
盐、植物油各适量

做法

❶ 胡萝卜去皮洗净切丝，青菜洗
净切丝，鸡蛋搅散。

❷ 在面粉内加入蛋液、胡萝卜
丝、青菜丝、盐、适量水，搅
拌成糊状。

❸ 平底锅置火上，放入适量油加
热，将面粉糊用小火摊成薄
饼，煎至两面熟透即可。

鲜虾芙蓉蛋

材料 虾仁40克，鸡蛋2个，盐
适量

做法

❶ 鲜虾洗净，去虾头和虾壳，挑
去虾线，切成粒。

❷ 鸡蛋打入碗中，打匀搅散。

❸ 加入少许盐，注入适量清水，
拌匀。

❹ 鸡蛋放入蒸锅蒸4分钟至半凝
固，放入虾仁粒。

❺ 再续蒸5分钟至完全熟透，取出
即可。

核桃露

材料 核桃仁30克，红枣40克，米粉65克，食粉1克

做法
1 锅中注水烧开，放入核桃仁、食粉，煮熟后捞出核桃仁。
2 红枣洗净切开，去核，枣肉切粒。
3 取榨汁机，把红枣、核桃仁倒入杯中，加少许清水。
4 盖上盖子，选择"搅拌"功能，榨取红枣核桃汁。
5 将红枣核桃汁倒入汤锅中，再加入米粉，拌匀即可。

蒜泥蚕豆

材料 蚕豆250克，大蒜、酱油、盐、醋各适量

做法
1. 大蒜去皮，捣成泥，加入酱油、盐、醋，搅拌成蒜泥调味汁，待用。
2. 将蚕豆洗净、去壳。
3. 放入凉水锅中，大火煮沸后改用中火煮15分钟。
4. 捞出沥干。
5. 将蚕豆放入盘中，浇上蒜泥调味汁，搅匀即可。

竹笋肉羹

材料 胡萝卜丝30克，竹笋、肉末各50克，鸡蛋2个，柴鱼、油菜各适量，盐、水淀粉、醋各适量

做法
1. 鸡蛋打散、搅匀；肉末加盐、一半蛋液搅成肉馅。
2. 锅内加水，放入竹笋丝和柴鱼片，煮15分钟。
3. 加入胡萝卜、油菜，煮沸后加入肉馅，边煮边搅拌。
4. 煮沸后用水淀粉勾芡，倒入剩余蛋液，加盐和醋调味即可。

土豆豌豆泥

材料 豌豆40克，土豆130克

做法
1. 土豆洗净去皮切片，豌豆洗净，一同放入蒸锅中蒸熟，取出晾凉。
2. 取一个大碗，倒入蒸好的土豆，压成泥状。
3. 放入豌豆，捣成泥状，将土豆和豌豆混合均匀。
4. 另取一个小碗，盛入拌好的土豆豌豆泥即可。

南瓜豆腐汤

材料 南瓜50克，豆腐30克

做法
1. 把南瓜去皮洗净，切成丁。
2. 豆腐洗净，切成丁。
3. 锅中注入适量清水烧沸，放入南瓜丁煮软。
4. 放入豆腐丁，搅拌均匀。
5. 略煮至豆腐熟透，关火盛出碗中即可。

海带豆腐菌菇粥

材料 海带30克，鲜香菇40克，豆腐90克，水发大米170克

做法
1. 将海带洗净，切成块；香菇洗净去蒂，切成块；豆腐洗净，切成块。
2. 锅中注入适量清水烧沸，倒入洗净的大米，大火煮沸后转小火煮30分钟。
3. 倒入海带、香菇，搅拌均匀，续煮10分钟左右。
4. 倒入豆腐，轻轻搅拌，稍煮片刻，盛出即可。

西洋菜奶油浓汤

材料 西洋菜50克，奶油20克

做法

❶ 将西洋菜择洗干净，切成小段。

❷ 锅中注入适量清水烧沸。

❸ 倒入奶油化开。

❹ 倒入西洋菜，搅拌均匀，煮熟。

❺ 关火盛出即可。

淡菜瘦肉粥

材料 淡菜30克，瘦肉20克，大米50克

做法

❶ 将淡菜清洗干净，切成碎末；将瘦肉清洗干净，剁成泥。

❷ 锅中注入适量清水烧沸，倒入洗净的大米，大火煮沸后转小火煮30分钟。

❸ 倒入备好的淡菜、瘦肉，搅拌均匀，小火续煮10分钟，关火盛出即可。

黄瓜粥

材料 黄瓜85克，水发大米110克，盐、芝麻油适量

做法

❶ 洗净的黄瓜切开，再切成细条状，改切成小丁块，备用。

❷ 砂锅注水烧开，倒入洗净的大米拌匀。

❸ 盖上锅盖，煮开后用小火煮30分钟。

❹ 揭开锅盖，倒入切好的黄瓜，拌匀，煮至沸。

❺ 加入少许盐，淋入适量芝麻油，搅拌至食材入味即可。

鸡丝木耳粥

材料 水发木耳35克，鸡胸肉、大米各150克，姜丝、葱花各少许，盐、鸡粉各3克，水淀粉、食用油、胡椒粉各适量

做法

❶ 木耳、鸡肉切丝。

❷ 鸡丝装盘，加入盐、鸡粉、水淀粉，抓匀，注入食用油，腌渍10分钟。

❸ 大米倒入煮沸的锅中，加盖小火煮30分钟，揭盖，下入姜丝、木耳、鸡丝。

❹ 搅匀续煮约1分钟，放盐、鸡粉、胡椒粉，拌匀后装碗，撒上葱花即可。

肉末紫菜青豆粥

材料 水发紫菜50克，瘦肉70克，青豆80克，水发大米150克，葱花少许，盐3克，鸡粉2克，芝麻油3毫升

做法

1. 瘦肉剁成肉末，装碟待用。
2. 砂锅中注水烧开，倒入大米，拌匀，小火煮30分钟。
3. 加青豆、紫菜、肉末搅匀，小火煮10分钟至食材熟透。
4. 放入盐、鸡粉，淋入芝麻油，拌匀，盛出，撒上葱花即可。

玉米鸡粒粥

材料 玉米粒30克，鸡胸肉20克，大米50克

做法

1. 玉米粒洗净；鸡胸肉洗净，切成小粒。
2. 锅中注入适量清水烧沸，倒入洗净的大米。
3. 加盖，大火煮沸后转小火煮30分钟左右。
4. 下入玉米粒、鸡肉粒，搅拌均匀，小火续煮10分钟左右，关火，盛入碗中即可。

牛奶薄饼

材料 鸡蛋2个，配方奶粉10克，低筋面粉75克，食用油适量

做法

1. 将鸡蛋打开，取蛋清装入碗中，用打蛋器快速拌匀，搅散，至蛋清变成白色。

2. 碗中再放入配方奶粉、低筋面粉，顺一个方向搅拌片刻；注入少许食用油，搅至材料成米黄色，制成牛奶面糊，待用。

3. 煎锅中注入适量食用油，烧至三成热，倒入备好的牛奶面糊，摊开，铺匀。

4. 用小火煎成饼形，至散发出焦香味，翻转面饼，再煎片刻，至两面熟透即可。

西红柿海鲜汤面

95

材料 拉面90克，西红柿60克，
蛤蜊95克，鱿鱼85克，芹
菜粒30克，蒜末少许，盐
2克，食用油适量

做法

1. 将鱿鱼、西红柿洗净，切片。
2. 沸水锅中倒入拉面，煮约5分
   钟，捞出沥干，装碗待用。
3. 用油起锅，下蒜末、芹菜粒炒
   香；放入蛤蜊、鱿鱼，炒匀。
4. 注入适量清水，煮至蛤蜊开
   口、食材熟透；放入西红柿、
   拉面，稍煮，加盐调味即可。

虾仁汤饭

材料 白萝卜180克，秀珍菇55
克，菠菜35克，虾仁50
克，稀饭90克

做法

1. 菠菜切碎；去皮的白萝卜切成
   粒，备用。
2. 秀珍菇切成碎末；虾仁切片，
   剁成泥，备用。
3. 砂锅中注入适量清水烧热，倒
   入白萝卜、秀珍菇、虾仁、稀
   饭、菠菜，搅拌匀。
4. 盖上盖，煮开后用小火煮约20
   分钟至食材熟透即可。

Chapter 5
1～3岁宝贝辅食添加

　　1～3岁的宝宝，乳牙都出齐了，咀嚼能力有了进一步的提高，消化系统已经日趋完善，一日三餐的习惯已形成。这个阶段，爸爸妈妈为宝宝准备的辅食已经不需要像之前那样精细了，但是饮食还是以细软为主，同时要注意丰富宝宝的食材，确保宝宝营养的均衡。

西红柿碎面条

材料 西红柿100克，龙须面150克，清鸡汤400毫升，食用油适量

做法

1. 在洗净的西红柿上划上十字花刀，放入沸水中略煮，捞入凉水中浸泡片刻。
2. 将西红柿皮剥去，将果肉切成片，再切丝，改切成丁，备用。
3. 锅中注入适量清水烧开，倒入龙须面，煮至熟软。
4. 捞出，沥干水分，装入碗中，待用。
5. 热锅注油，放入西红柿炒片刻。
6. 加清鸡汤，略煮，将煮好的汤料盛入面中即可。

鸡肝酱香饭

材料 米饭200克，鸡肝50克，葡萄干、洋葱各适量，料酒、盐、奶油、黑胡椒粉各适量

做法

1. 洋葱洗净切碎，鲜鸡肝洗净切片，备用。
2. 锅中放入奶油加热，放鸡肝煎至上色。
3. 倒入料酒、洋葱片翻炒，再加入盐、黑胡椒粉调味，取出切碎，与葡萄干、米饭拌匀。
5. 放入电饭锅中加热5分钟即可。

肉松软米饭

材料 肉松20克，软饭190克，葱花少许，盐2克

做法

1. 汤锅中注入适量清水，用大火烧热。
2. 加入适量盐，倒入部分肉松，用勺子搅拌均匀。
3. 放入软饭，搅散，拌匀煮至沸，撒入部分葱花，搅拌匀。
5. 将锅中材料盛入碗中，放入肉松，撒上余下的葱花即可。

洋葱鸡肉饭

材料 洋葱50克，鸡肉50克，大米50克，盐2克，食用油适量

做法

❶ 洗净的洋葱去皮切碎；洗净的鸡肉切成碎末。

❷ 锅中注入适量清水，倒入大米，加盖煮至大米熟软。

❸ 热油起锅，倒入鸡肉末，翻炒至转色。

❹ 倒入洋葱碎，快速炒香；放入少许盐，翻炒调味。

❺ 加入熟米饭，快速翻炒松散，关火，盖上锅盖，焖5分钟即可。

鸡肉丝炒软饭

材料 鸡胸肉80克，软饭120克，葱花少许，盐、鸡粉各2克，水淀粉、生抽各2毫升，食用油适量

做法

1. 将鸡胸肉切成丝，装入碗中，放入少许盐、水淀粉，拌匀。
2. 再加入食用油，腌渍10分钟。
3. 用油起锅，倒入鸡肉丝，翻炒至转色。
4. 加清水搅匀煮沸，加入适量生抽、鸡粉、盐，搅匀调味。
5. 倒入软饭，快速翻炒松散，放入葱花，拌炒匀即可。

大米红豆软饭

材料 红小豆10克，大米30克

做法

1. 红小豆洗净，放入清水中浸泡1小时；大米洗净备用。
2. 将红小豆和大米一起放入电饭锅内，加入适量清水，大火煮至沸。
3. 转中火熬至米汤收尽、红小豆酥软时即可。

鸡肝土豆粥

材料 米碎、土豆各80克，净鸡肝70克，盐少许

做法
1. 将去皮洗净的土豆切小块。
2. 蒸锅上火烧沸，放入装有土豆块和鸡肝的蒸盘，中火蒸至食材熟透。
3. 揭盖，取出蒸好的土豆、鸡肝，分别压成泥。
4. 汤锅中注入适量清水烧热，倒入米碎，小火煮至米粒呈糊状。
5. 倒入土豆泥、鸡肝，拌匀，续煮片刻。
6. 加入盐拌匀调味，关火后盛出煮好的土豆粥即成。

什锦炒软饭

8

材料 西红柿60克，鲜香菇25克，肉末45克，软饭200克，葱花、盐各少许，食用油适量

做法
1. 西红柿切丁，香菇切丁。
2. 用油起锅，倒入肉末，翻炒至转色，放入西红柿、香菇，翻炒均匀。
3. 倒入备好的软饭，炒散、炒透，撒上葱花，炒出葱香味。
4. 再加入盐，炒匀调味即成。

菠菜牛奶稀饭

9

材料 白米糊60克，菠菜5克，牛奶（配方奶）70毫升

做法
1. 菠菜挑选嫩叶，焯烫后捞出。
2. 将菠菜挤干水分，再用研磨器磨成泥。
3. 将菠菜泥和牛奶放入白米糊中，熬煮片刻即可。

西蓝花浓汤

材料 土豆90克，西蓝花55克，面包45克，奶酪40克，盐少许，食用油适量

做法
① 西蓝花洗净切小朵，入沸氽熟备用；土豆洗净切丁；面包切成丁。
② 用油起锅，倒入面包丁，小火炸至微黄后捞出，待用。
③ 锅底留油，倒入土豆丁，注入适量清水，煮至土豆熟软，加少许盐调味。
④ 关火，将煮好的土豆盛入碗中，倒入西蓝花、奶酪泥，混合均匀。
⑤ 取榨汁机，选搅拌刀座组合，倒入碗中的食材，制成浓汤，倒入碗中，撒上面包即成。

菠萝鸡片汤

材料 菠萝50克，鸡胸肉30克，
葱花、盐各适量

做法

1. 菠萝洗净，用盐水浸泡片刻，
   切片；鸡胸肉洗净，切片。
2. 锅中注入适量清水烧沸，倒入
   菠萝、鸡肉，略煮片刻。
3. 加入盐，搅拌均匀，煮至食材
   全熟。
4. 关火盛出碗中，撒上葱花点缀
   即可。

木耳菜蘑菇汤

材料 口蘑30克，木耳菜20克，
盐、食用油各适量

做法

1. 口蘑洗净，切片；木耳菜洗
   净，切段。
2. 锅置火上，注入适量食用油，
   倒入口蘑略炒片刻。
3. 倒入适量水，煮至沸腾。
4. 加入木耳菜，搅拌均匀，略煮
   片刻。
5. 加少许盐，煮至食材入味，关
   火盛出即可。

虾仁萝卜丝汤

材料 虾仁50克，白萝卜200克，红椒丝、姜丝、葱花各少许，盐、鸡粉各3克，料酒、胡椒粉、食用油各适量

做法

1. 白萝卜切丝；虾仁洗净，去除虾线。
2. 虾仁中加盐、食用油，拌匀腌渍。
3. 用油起锅，入姜丝、虾仁，炒至转色，倒入料酒、萝卜丝，炒匀后淋清水。
4. 加盐、鸡粉炒匀，加盖，中火煮5分钟后加红椒、葱花、胡椒粉，拌匀即可。

13

西红柿豆腐汤

材料 西红柿200克，豆腐150克，葱花少许，盐4克，鸡粉2克，番茄酱10克，食用油适量

做法

1. 西红柿切小块，豆腐切小块。
2. 锅中加适量清水煮沸，倒入豆腐煮约1分钟捞出。
3. 锅中倒入清水烧开，加盐、鸡粉、食用油。
4. 倒入西红柿煮沸，加入番茄酱，拌匀，倒入豆腐，煮约2分钟至熟透，撒上葱花即成。

葡萄干糙米羹

材料 葡萄干30克，糙米25克，冰糖适量

做法

1. 锅中注入适量清水烧沸，倒入洗净的糙米、葡萄干。
2. 盖上盖，大火煮沸后转小火熬煮40分钟。
3. 揭盖，加入适量冰糖，搅拌均匀，关火盛出即可。

豆腐牛肉羹

材料 牛肉90克，豆腐80克，鸡蛋1个，香菇30克，姜末、葱花、盐各少许，料酒、水淀粉、食用油各适量

做法

① 豆腐切成粒；香菇切成粒；牛肉剁成末；鸡蛋在碗中打散。

② 锅中注水烧开，倒入豆腐、香菇，略煮后捞出；用油起锅，放入姜末爆香。

③ 倒入牛肉粒、料酒，炒香，淋入清水，煮沸，倒入豆腐、香菇，搅拌匀。

④ 加盐，煮1分钟，倒入水淀粉，拌匀，倒入蛋液，搅拌，加葱花搅匀即可。

鲫鱼竹笋汤

材料 鲫鱼400克，竹笋40克，
盐少许

做法

❶ 将鲫鱼去鳞及去脏，洗净，切
片，待用。

❷ 鲜竹笋去壳，洗净切粒。

❸ 锅中注入适量清水，将鲫鱼、
笋粒放入锅内。

❹ 大火烧沸后，用勺子撇净浮
沫，转小火煮熟，加少许盐调
味，关火盛出即可。

17

黄豆芽排骨豆腐汤

材料 豆腐1盒，黄豆芽200克，
排骨400克，青椒150克，
香葱段、姜片、高汤、
盐、胡椒粉各适量

做法

❶ 豆腐洗净、切块；青椒切丝。

❷ 排骨切小块，放入沸水中焯烫
一下，冲去血水，捞出备用。

❸ 高汤煮沸，下排骨、黄豆芽、
姜片，转小火，煮约30分钟。

❹ 放入豆腐块、青椒丝。

❺ 加入盐、胡椒粉、香葱段，搅
匀即可。

18

鸡肉嫩南瓜粥

材料 鸡胸肉30克，去皮嫩南瓜35克，冷米饭70克

做法

1. 沸水锅中倒入洗净的鸡胸肉，煮至熟透，捞出，晾凉。
2. 盛出锅中的鸡汤，过滤到碗中待用。
3. 洗净去皮的嫩南瓜切碎，晾凉的鸡胸肉切碎，待用。
4. 砂锅中倒入米饭，压散，放入鸡胸肉、滤好的鸡汤。
5. 小火煮约20分钟，倒入嫩南瓜，续煮5分钟至粥品黏稠即可。

19

香菇鸡腿粥

材料 鸡腿1只，鲜香菇1朵，大米80克，鸡汤600毫升，香菜段、水淀粉、盐各适量

做法

① 鲜香菇洗净去蒂，切成片。

② 鸡腿洗净、去骨，切成小块装入碗中，拌入水淀粉、盐，腌渍10分钟。

③ 锅置火上，注入适量鸡汤，倒入大米，煮沸后转小火，熬煮至黏稠。

④ 加入鸡块、香菇，再煮15分钟，加盐、香菜段调味即可。

滑蛋牛肉粥

材料 大米100克，牛肉50克，鸡蛋1个，高汤500毫升，胡椒粉、盐、水淀粉、嫩肉粉各适量

做法

① 嫩牛肉洗净切片，用胡椒粉、盐、水淀粉、嫩肉粉腌渍10分钟，备用。

② 鸡蛋打散成蛋液；大米用水泡半小时。

③ 锅置火上，放入高汤、大米，大火煮沸后转小火熬煮40分钟；加入牛肉片，煮沸，淋入蛋液，顺时针搅开即可。

鸡肉花生汤饭

材料 鸡胸肉50克，上海青、秀珍菇各少许，软饭190克，鸡汤200毫升，花生粉35克，盐2克，食用油少许

做法
① 把鸡胸肉切丁，秀珍菇切粒，上海青切小块。
② 用油起锅，倒入鸡丁，翻炒至其松散、变色。
③ 下入上海青、秀珍菇，翻炒至全部食材断生。
④ 倒入备好的鸡汤，拌匀；加少许盐，调味。
⑤ 汤汁沸腾后倒入备好的软饭，拌匀。
⑥ 撒上花生粉，拌匀，续煮至其溶化即成。

时蔬汤泡饭

材料 青菜50克，米饭、盐、食用油各适量

做法

❶ 青菜洗净，切成小段。

❷ 锅中注入适量清水烧沸，倒入青菜段。

❸ 倒入米饭，搅拌均匀。

❹ 加入适量盐、食用油，搅拌均匀，关火盛出即可。

23

炒三丁

材料 黄瓜170克，鸡蛋1个，豆腐155克，面粉30克，盐3克，生抽2毫升，水淀粉3毫升，食用油适量

做法

❶ 用鸡蛋、面粉、少许盐和食用油，调制鸡蛋面糊，放入蒸锅中蒸成蛋糕，取出，切小块。

❷ 锅中注水烧开，放入少许食用油、盐，倒入豆腐、黄瓜，略煮后捞出。

❸ 用油起锅，倒入焯过水的食材、蛋糕，翻炒片刻，加盐、生抽、水淀粉调味即可。

24

肉羹饭

材料 鸡蛋1个，黄瓜40克，胡萝卜25克，瘦肉30克，米饭130克，葱花少许，鸡粉2克，盐少许，水淀粉5毫升，料酒、黑芝麻油各2毫升，食用油适量

做法

1. 黄瓜、胡萝卜切成丝；瘦肉剁肉末。
2. 鸡蛋打入碗中，用筷子打散调匀。
3. 用油起锅，倒入肉末，加料酒，炒香，倒入清水，烧开，放入胡萝卜、黄瓜。
4. 加入鸡粉、盐，煮沸，倒入水淀粉勾芡。
5. 淋入芝麻油，拌匀，倒入蛋液，搅匀煮沸，放入葱花，盛入热米饭上即可。

25

肉松饭

材料 肉松20克，水发大米适量

做法

❶ 将泡发好的大米放入锅中，加
入适量清水，煮至熟。

❷ 将米饭盛出，放入肉松，趁热
搅拌均匀。

❸ 把米饭盛出碗中即可。

素三鲜饺子

材料 饺子皮5张，韭菜、香菇、
笋、盐、食用油各适量

做法

❶ 韭菜洗净，切碎；香菇洗净，
去蒂，切碎；笋洗净，切碎。

❷ 取一大碗，倒入韭菜、香菇、
笋，加盐、食用油搅拌均匀。

❸ 取一张饺子皮，放入馅料，在
饺子皮边缘蘸水，包好，制成
饺子生坯。

❹ 锅中注入适量清水烧沸，加适
量盐，下入饺子生坯，煮至饺
子上浮即可。

清蒸豆腐丸子

材料 豆腐180克，鸡蛋 1个，面粉30克， 葱花少许，盐2 克，食用油少许

做法

1. 鸡蛋打入碗中，取出蛋黄，待用。
2. 将洗净的豆腐搅碎，倒入蛋黄，拌匀，搅散。
3. 放少许盐、葱花、面粉，搅成糊状。
4. 取一个干净的盘子，抹上少许食用油。
5. 将面糊制成大小适中的豆腐丸子，摆在盘中，放入烧热的蒸锅中。
6. 盖上盖，用大火蒸至食材熟透。
7. 揭开盖，取出蒸好的豆腐丸子，摆好盘即成。

莲藕肉汁丸

材料 莲藕200克，肉末130克，高汤200毫升，盐少许，生粉适量

做法
1. 将洗净的莲藕切厚片，剁成末，待用。
2. 把藕末装入碗中，加入少许盐、肉末、生粉，抓匀；再倒入适量高汤，抓匀。
3. 将肉末捏成丸子，装入盘中，放入烧开的蒸锅中，盖上盖，用中火蒸10分钟至熟即可。

鲜汤小饺子

材料 饺子皮5张，猪肉末、紫菜、虾皮、盐、食用油、芝麻油各适量

做法
1. 取一干净大碗，倒入猪肉末，加盐、食用油、芝麻油，调成馅料。
2. 取一张饺子皮，放入馅料，在饺子皮边缘蘸水，包好，制成饺子生坯。
3. 锅中注水烧开，加适量盐，下入饺子生坯，煮至饺子上浮。
4. 碗中放入适量紫菜、虾皮，盛入饺子和汤即可。

蛋黄银丝面

材料 小白菜100克，面条75克，熟鸡蛋1个，盐2克，食用油适量

做法

① 锅中注水烧开，放入小白菜，煮约半分钟，捞出沥干，晾凉，切粒。

② 把面条切成段；熟鸡蛋剥取蛋黄，压扁后切成细末。

③ 汤锅中注清水烧开，下入面条，搅拌使其散开。

④ 大火煮沸后放入盐、食用油，用小火煮约5分钟至面条熟软。

⑤ 倒入小白菜，续煮至全部食材熟透盛出，撒上蛋黄末即成。

31

香菇通心粉

32

材料 口蘑20克，通心粉30克，奶酪15克，盐、橄榄油各适量

做法
1. 锅中注入适量清水烧沸，加入适量盐、橄榄油。
2. 下入通心粉，煮约6分钟后捞出沥干。
3. 口蘑洗净切片。
4. 锅中注适量橄榄油，倒入口蘑片炒软，加入奶酪，炒匀。
5. 将煮熟的空心粉倒入锅中，炒匀入味即可。

肉酱花菜泥

材料 土豆120克，花菜70克，肉末40克，鸡蛋1个，盐、料酒、食用油各适量

做法
1. 将土豆洗净切条，花菜切碎，鸡蛋打入碗中，取蛋黄。
2. 用油起锅，倒入肉末，翻炒至转色，淋入料酒，炒香；倒入蛋黄，炒熟后盛出。
3. 蒸锅置火上，放入土豆、花菜，中火蒸至食材熟透。
4. 取出蒸好的食材，土豆压成泥，加盐、花菜末、蛋黄、肉末，拌匀即可。

鸡蛋燕麦糊

材料 燕麦片80克，鸡蛋60克，奶粉35克，白糖10克，水淀粉适量

做法

1. 鸡蛋打开，取出蛋清，备用。
2. 取一个干净的碗，倒入备好的奶粉，注入少许清水，搅拌均匀，备用。
3. 砂锅中注水烧开，倒入燕麦片，搅拌均匀。
4. 盖上盖，烧开后用小火煮至食材熟软。
5. 揭开锅盖，加入白糖，倒入调好的奶粉，拌匀。
6. 将水淀粉倒入锅中，倒入蛋清，搅拌均匀，盛出煮好的燕麦糊即可。

鸡蛋玉米羹

材料 玉米粉100克，黄油30克，
蛋液50克，水淀粉适量

做法
1 砂锅中注入适量清水烧开，倒
入黄油，拌匀，煮至溶化。
2 放入玉米粉，拌匀。
3 盖上盖，烧开后用小火煮约15
分钟至食材熟软。
4 揭开盖，加入水淀粉勾芡。
5 倒入备好的蛋液，拌匀，煮至
蛋花成形即可。

脆皮冬瓜

材料 冬瓜350克，面粉100克，
盐3克，番茄酱、生粉各适
量，食用油5毫升

做法
1 面粉倒入碗中，加入少许盐、
生粉，搅拌匀，注入少许清
水，搅拌成面糊。
2 淋入少许食用油，使面糊更柔
滑，静置约10分钟，待用。
3 冬瓜去皮切条，焯煮至半熟捞
出，放在盘中，裹上生粉。
4 取冬瓜，蘸上面糊，放入热油
锅中，炸至熟软后盛出，佐以
番茄酱食用即可。

黑木耳煲猪腿肉

材料 猪腿肉块300克，水发木耳40克，红枣10克，桂圆、枸杞、姜片各5克，清汤、盐、料酒、胡椒粉各适量

做法
1. 黑木耳洗净，撕成小朵，装入盘中备用。
2. 红枣、桂圆、枸杞分别洗净。
3. 猪腿肉块放入沸水中焯烫。
4. 锅中倒入清汤，加入猪腿肉块、料酒、黑木耳、红枣、桂圆、枸杞、姜片，煲2小时。
5. 加入盐、胡椒粉，搅拌均匀，再煲15分钟即可。

37

酱爆鸭糊

材料 鸭肉750克，葱段、姜片各50克，甜面酱75克，食用油、生抽、料酒、盐各适量

做法

1. 鸭肉洗净，切成小块。
2. 油锅烧热，放入甜面酱炒出香味，把鸭块、料酒、生抽一起入锅煸炒。
3. 待鸭块上色后，加适量水、盐、葱段、姜片，煮沸。
4. 改小火，煮至鸭块酥烂时收汁，装盘即可。

小米蒸红薯

材料 水发小米80克，去皮红薯250克

做法

1. 红薯切小块，装碗，倒入泡好的小米，搅拌均匀，装盘。
2. 备好已注水烧开的电蒸锅，放入食材。
3. 加盖，调好时间旋钮，蒸30分钟至熟。
4. 揭盖，取出蒸好的小米红薯即可。

环玉狮子头

材料 猪肉130克，日本豆腐100克，莲藕110克，青豆、枸杞各少许，盐3克，鸡粉2克，蚝油5克，生抽3毫升，水淀粉、食用油各适量

做法

① 取榨汁机，选绞肉刀座组合。

② 将切好的猪肉绞成肉泥，倒入碗中。

③ 加盐、鸡粉、水淀粉，拌匀，放入青豆和剁碎的莲藕，制成狮子头生坯。

④ 将装有豆腐块、狮子头的蒸盘放入烧热的蒸锅中，蒸熟后取出。

⑤ 用油起锅，注入少许清水，调料，制成稠汁。

⑥ 浇在蒸熟的狮子头上，点缀上枸杞即可。

时蔬肉饼

材料 菠菜、芹菜各50克，西红柿、土豆各85克，肉末75克，盐少许

做法

❶ 西红柿洗净、去皮，剁碎，土豆切成小块，芹菜剁成末。

❷ 将土豆放入烧开的蒸锅中，蒸熟后取出，压成土豆泥。

❸ 将制好的土豆泥装入碗中，放入肉末，加少许盐，倒入西红柿、菠菜和芹菜，制成蔬菜肉泥，并用模具压制成饼坯。

❹ 蒸锅烧热，放入饼坯，蒸熟后取出，装入另一个盘中即可。

三丝面饼

材料 西葫芦65克，鸡蛋2个，胡萝卜40克，鲜香菇20克，面粉90克，葱花少许，盐2克，食用油适量

做法

❶ 将食材洗净，香菇切片，胡萝卜、西葫芦分别切丝。

❷ 鸡蛋打入碗中，搅散调匀。

❸ 锅中注水烧开，放入胡萝卜、香菇，焯煮片刻后捞出。

❹ 面粉装碗，加盐、蛋液、葱花和焯过水的食材，制成面糊。

❺ 煎锅热油，倒入面糊，摊成饼状，用小火煎至成形即可。

三色豆腐

材料 豆腐400克，西红柿、水发冬菇、青豆各100克，盐、白糖、鲜汤、生抽、水淀粉、食用油、芝麻油各适量

做法

1. 豆腐切成大块；冬菇切成厚片；西红柿切成菱形厚片；青豆洗净。

2. 油锅烧热，放入豆腐块略煎，加白糖、盐、生抽和鲜汤，烧15分钟盛出。

3. 锅倒油烧热，煸炒冬菇片、青豆和西红柿片，倒入豆腐，焖烧一会儿。

4. 开盖，加水淀粉、芝麻油，炒匀即可。

43

干煎牡蛎

材料 牡蛎肉400克，鸡蛋5个，葱末、姜末各适量，料酒、盐、食用油、芝麻油各适量

做法

❶ 牡蛎肉去除杂质，洗净，放入沸水中焯烫，捞出沥干。

❷ 鸡蛋打入碗中，搅散，放入牡蛎肉、葱末、姜末和盐搅匀。

❸ 油锅烧热，放入牡蛎蛋液，煎至两面呈金黄色，熟透后烹入料酒。

❹ 淋入芝麻油，出锅装盘即可。

软煎鸡肝

材料 鸡肝80克，蛋清50毫升，面粉40克，盐1克，料酒2毫升，食用油适量

做法

❶ 汤锅中注水，放入洗净的鸡肝、少许盐、料酒。

❷ 盖上盖，煮至鸡肝熟透。

❸ 揭盖，把煮熟的鸡肝取出，切成片。

❹ 面粉倒入碗中，加入蛋清，制成面糊。

❺ 将鸡肝裹上面糊，放入热油的煎锅中，两面煎熟后盛出装盘即可。

海米冬瓜

材料 冬瓜500克，海米 10克，葱、姜各适 量，盐、料酒、食 用油各适量

做法

1 冬瓜洗净，去皮去瓤，切片。

2 海米放入清水中泡发；葱、姜分别切丝。

3 锅烧热倒油，放入葱、姜，煸出香味。

4 放入海米，炒匀；注入适量清水。

5 下入冬瓜，加入适量料酒，煮至冬瓜熟软。

6 下入盐，搅拌均匀，盛出即可。

甜红薯丸子

材料 红薯40克，牛奶25毫升

做法

❶ 将红薯洗净、去皮、蒸熟，压成泥。

❷ 加入牛奶，搅拌均匀，揉成丸子状即可。

胡萝卜炒蛋

材料 蛋黄半个，胡萝卜20克，配方奶15毫升，奶油适量

做法

❶ 将蛋黄与配方奶一起打匀。

❷ 胡萝卜洗净、去皮、切碎后，放入蒸锅蒸熟并取出。

❸ 把胡萝卜末放入拌好的配方奶中拌匀。

❹ 平底锅加热，放入奶油溶化后，再放入拌好的食材，边搅拌边炒熟即可。

鸡蛋南瓜面

材料 素面30克，鸡蛋1个，南瓜15克，高汤75毫升，芝麻油少许

做法

1. 鸡蛋打成蛋液、煎蛋皮后，切成细丝；南瓜去皮、去籽，再切丝。
2. 热锅后，放入芝麻油拌炒南瓜，待其熟软后取出。
3. 素面煮好后捞出，放入凉开水中浸泡一下，随即捞出、沥干及盛盘。
4. 高汤煮滚后放入南瓜、蛋丝，淋在面上即可。

49

南瓜羊羹

材料 南瓜30克，洋菜粉5克，牛奶15毫升

做法

1. 南瓜去皮、去籽后，蒸熟、磨泥，备用。
2. 锅中加入洋菜粉、牛奶和南瓜泥边搅拌边煮，熬至洋菜粉完全溶化后放凉。
3. 将煮好的食材盛盘后，放进冰箱冷藏1～2小时，待其完全凝固即完成。

牛肉红薯粥

材料 白米饭30克，牛肉片15克，红薯20克，食用油适量

做法

1. 牛肉洗净后，去除筋和脂肪，再切成碎丁。
2. 红薯削皮后，切成牛肉一般大小，浸泡在冷水里。
3. 热油锅，牛肉略炒后放入米饭和水，煮至米粒软烂。
4. 再放入红薯，用中火熬至浓稠即可。

鲭鱼胡萝卜稀饭

 材料 白米饭30克，鲭鱼15克，胡萝卜15克

做法

① 鲭鱼泡在洗米水（或牛奶）中去除腥味。

② 再将鲭鱼洗净、汆烫、剔除鱼刺，再取鱼肉捣碎。

③ 胡萝卜去皮，捣碎。

④ 锅中倒入适量水、胡萝卜稍煮。

⑤ 再加入米饭、鲭鱼肉煮成稀饭即可。

萝卜肉粥

材料 白米粥75克，胡萝卜10克，牛肉片20克（猪肉及鸡肉也可），南瓜20克，食用油少许

做法

1. 胡萝卜、南瓜蒸熟后，去皮、磨成泥；牛肉片切小丁备用。
2. 锅上注油烧热，放入牛肉片炒熟，再放入胡萝卜泥和南瓜泥略炒一下。
3. 最后加入白米粥，用小火煮开即可。

豌豆薏仁粥

材料 豌豆15克，裙带菜少许，薏仁30克

做法

1. 薏仁洗净后，在凉水中浸泡1小时再熬煮。
2. 将裙带菜泡开，再切碎备用。
3. 薏仁煮熟软后，放入裙带菜和豌豆再熬煮一会即可。

丝瓜芝士拌饭

 材料 白米粥75克，丝瓜20克，芝士1/2片

做法

① 丝瓜削皮后，切小丁。

② 芝士片切碎备用。

③ 锅中放入米粥加热，再放入丝瓜一起熬煮。

④ 待丝瓜出水软烂后，加入芝士片拌匀即可。

综合蒸蛋

材料 蛋黄1个，绿色蔬菜适量，鸡胸肉5克，高汤30毫升

做法

❶ 鸡胸肉切小丁；蔬菜洗净，切碎，备用。

❷ 将高汤和蛋黄一起拌匀，倒入碗中，并放入蔬菜和鸡肉丁。

❸ 再将碗放入蒸锅中，蒸15分钟即可。

西蓝花土豆泥

材料 西蓝花30克，土豆30克，猪肉10克，食用油适量

做法

❶ 西蓝花洗净、煮熟后，切碎。

❷ 土豆蒸熟后，去皮、压成泥；猪肉切成小片。

❸ 锅中注油烧热，加入猪肉片，炒熟。

❹ 将炒熟的猪肉片盛入碗中，加入土豆泥、碎西蓝花，搅拌均匀即可。

芹菜鸡肉粥

(材料) 白米粥75克，芹
菜叶10克，鸡胸
肉20克

(做法)

❶ 鸡胸肉洗净、氽烫后切碎备用。

❷ 芹菜叶洗净，切碎。

❸ 加热白米粥，放入鸡胸肉和芹菜叶煮熟即完成。

排骨炖油菜心

材料 排骨50克，油菜心30克，葱1根，盐适量

做法

① 葱洗净后，一半切成葱段，一半切成葱丝。

② 排骨洗净、剁块，与葱段一起放入清水炖汤。

③ 将油菜心去皮、切块。

④ 待排骨煮软，再把切好的油菜心放进汤里，续煮至其软烂。

⑤ 加盐，撒上葱丝即可。

牛肉海带汤

材料 白米饭30克，牛肉20克，海带15克，高汤适量，芝麻油少许

做法

① 牛肉切碎；海带洗净，切碎，备用。

② 锅中放入芝麻油，将碎牛肉略炒一下，再放入海带拌炒。

③ 待锅中食材煮熟后，再放入白米饭和高汤稍煮一下即可。

鳕鱼紫米稀饭

材料 白米饭20克，紫米粥15克，鳕鱼20克

做法

① 将鳕鱼洗净、氽烫捞出，去除鱼刺、鱼皮，再切成碎备用。

② 白米饭加水、紫米粥一起熬煮成粥。

③ 最后把鳕鱼碎放进稀饭里拌匀，稍煮一下即可。

61

火腿莲藕粥

材料 白米粥75克，莲藕20克，
火腿20克，高汤50毫升

做法

❶ 莲藕洗净、去皮，再切细碎；
火腿切丁，汆烫备用。

❷ 锅中放入白米粥、高汤、莲藕
和火腿，用大火煮滚。

❸ 再转中火续煮至食材软烂，关
火盛入碗中即可。

62

牛肉土豆炒饭

材料 白米饭20克，牛肉20克，
土豆20克，鸡蛋半个，食
用油少许

做法

❶ 牛肉剁碎；鸡蛋打散，煎成蛋
皮，再切碎。

❷ 土豆去皮，切小丁备用。

❸ 热油锅，将碎牛肉放进去炒，
牛肉熟后，再放入土豆拌炒。

❹ 最后再放入白米饭，拌匀后放
进煎蛋，一起拌炒即可。

63

牛蒡鸡肉饭

材料 白米粥75克，鸡胸肉15克，牛蒡15克

做法

❶ 鸡胸肉切去薄膜、筋和脂肪，切小丁。

❷ 牛蒡削皮后切碎，汆烫。

❸ 在炒锅里倒入米粥、切碎的鸡肉和牛蒡，炒一下。

❹ 再用小火煨煮，直至粥汁收干即可。

白菜牡蛎稀饭

材料 白米饭30克，牡蛎20克，白菜10克，萝卜10克，海带高汤适量

做法

❶ 牡蛎在盐水中洗净，汆烫后剁碎，备用。

❷ 白菜洗净，切碎；萝卜去皮，切成小丁状。

❸ 白米饭放入海带高汤中熬煮成米粥。

❹ 然后放入牡蛎、白菜和萝卜，继续熬煮一会即可。

秀珍菇粥

材料 白米粥75克，秀珍菇20克

做法

❶ 将秀珍菇洗净摘去杂质，切小丁备用。

❷ 白米粥加热，放入秀珍菇用大火煮沸即可。

秀珍菇莲子粥

材料 白米粥75克，秀珍菇1个，莲子10颗

做法

① 莲子洗净、去心、蒸熟后，压成莲子泥备用。

② 秀珍菇洗净、氽烫后，切碎。

③ 加热白米粥，放入秀珍菇碎、莲子泥一起熬煮即可。

67

豆腐牛肉粥

68

材料 白米饭20克，豆腐20克，
碎牛肉15克

做法

❶ 豆腐切碎备用。

❷ 锅中注水煮开，放入碎牛肉一
起煮沸，再放入白米饭，用中
火熬煮。

❸ 待米粒膨胀后，加入豆腐以小
火边煮边搅拌。

❹ 煮熟后，关火闷5分钟即可。

松茸鸡汤饭

69

材料 白米饭20克，鸡高汤120
毫升，鸡胸肉15克，松茸
15克

做法

❶ 鸡胸肉去皮、洗净，煮熟后剁
碎，备用。

❷ 松茸洗净，用开水焯烫后，剁
碎备用。

❸ 锅中放入鸡高汤和米饭、鸡肉
末和松茸末，熬煮熟烂即可。

法式牛奶吐司

材料 吐司1片，鸡蛋 1/3个，牛奶15 毫升，黄豆粉5 克，食用油5毫 升，香蕉25克

做法
① 将吐司去边，只取中间部分，再切成四小片。
② 将鸡蛋打散后，加入牛奶拌匀。
③ 再放入部分黄豆粉拌匀，将吐司浸泡放入一下。
④ 起油锅，将吐司煎至两面金黄。
⑤ 放上香蕉、剩余黄豆粉即可。

洋葱玉米片粥

材料 玉米片45克，洋葱10克，高汤60毫升，配方奶粉45克

做法

❶ 将洋葱洗净、去皮，切碎；奶粉加水调成牛奶。

❷ 锅中加入高汤，放入洋葱末、玉米片及牛奶。

❸ 用小火熬煮，均匀搅拌即可。

香蕉蛋卷

材料 香蕉40克，蛋黄1个，芝士粉5克，面粉5克，奶油5克，蜂蜜5克，巧克力酱5克，食用油5毫升

做法

❶ 将蛋黄、芝士粉、面粉、奶油和适量水搅拌成面糊。

❷ 放入油锅中煎成蛋饼。

❸ 香蕉去皮、切薄片后，放入蛋饼中卷起来。

❹ 再淋上蜂蜜、巧克力酱即可。

核桃萝卜稀饭

材料 白米饭30克，萝卜10克，西蓝花10克，核桃1个，高汤适量

做法
1. 将萝卜洗净、去皮、蒸熟后，磨成泥。
2. 西蓝花洗净后汆烫，取花朵部分切碎。
3. 在锅中放入萝卜泥和西蓝花碎，加入备好的高汤熬煮片刻。
4. 最后倒入米饭搅拌均匀，再加入切碎的核桃即可。

73

芝士糯米粥

材料 糯米粥75克，儿童芝士半片，黄豆芽10克

做法

❶ 黄豆芽洗净后，在冷水里浸泡10分钟，并切小段。

❷ 加热糯米粥，放入黄豆芽和芝士，边煮边搅拌，等芝士溶化即可。

包菜鸡蛋汤

材料 包菜30克，蛋黄1个

做法

❶ 包菜洗净，切碎。

❷ 将包菜放入打散的蛋黄中，均匀搅拌。

❸ 锅里倒入水，煮开后放入拌好的食材，边煮边搅拌即可。

鸡肉意大利炖饭

材料 白米饭30克，鸡胸肉10克，土豆10克，配方奶50毫升

做法

❶ 鸡胸肉洗净后，煮熟、剁碎；土豆蒸熟后，去皮、压碎备用。

❷ 在锅里放入米饭和水，用大火煮开后，改用小火边煮边搅拌，待锅中粥水所剩无几时，倒入配方奶，均匀搅拌后关火。

❸ 在耐热容器里，依序放入米饭、鸡胸肉、土豆，再放进微波炉微波2分钟即可。

鸡肉土豆糯米粥

材料 糯米粥75克，鸡肉20克，
土豆50克

做法
1. 鸡肉洗净、氽烫后捞出，切小丁，备用。
2. 将土豆洗净去皮、蒸熟，捣碎，备用。
3. 糯米粥加热，放入土豆、鸡肉用小火搅拌熬煮至沸腾，关火盛出即可。

燕麦秀珍菇粥

材料 白米粥75克，燕麦片8克，
秀珍菇1个

做法
1. 秀珍菇清洗后，焯烫一下，再切碎备用。
2. 白米粥加入秀珍菇、燕麦片，搅拌均匀即可。

鳕鱼包菜汤饭

材料 白米饭60克，鳕鱼肉15克，土豆15克，包菜15克，蛋黄1个，高汤400毫升

做法

① 鳕鱼洗净后，去除鱼皮、鱼刺，取出鱼肉部分剁碎，备用。

② 土豆去皮、蒸熟后，切成小丁状。

③ 包菜选取嫩叶部分切成丁状。

④ 取一锅，放进鳕鱼肉、土豆拌炒。

⑤ 再放入高汤、白米饭和包菜煮至熟软。

⑥ 蛋黄打散，放进锅里一起煮熟即可。

79

苹果牛肉豆腐

材料 嫩豆腐80克，苹果25克，牛绞肉10克，食用油少许

做法

❶ 嫩豆腐放在筛子上沥干后，切小块；苹果削皮后，切小丁。

❷ 取一锅，放入牛绞肉拌炒。

❸ 再放入嫩豆腐、苹果和少量水一起烹煮。

❹ 煮沸后转小火焖煮，待汤汁所剩无几时即可。

糯香鸡肉粥

材料 糯米粥60克，鸡腿20克，香菇1朵，土豆20克

做法

❶ 锅中加水，放入鸡腿煮至软烂，捞出后撕下鸡腿肉剁碎，鸡汤备用。

❷ 香菇去蒂后切碎；土豆切碎。

❸ 锅中放入糯米粥、土豆、香菇和鸡汤，熬煮成粥。

❹ 粥煮好后，放入切碎的鸡肉拌匀即可。

豆浆芝麻鱼肉粥

材料 白米粥75克，鳕鱼肉30克，芝麻15克，豆浆适量

做法

1 将鳕鱼肉放入锅中，加适量水煮熟。

2 捞出鱼肉，挑净鱼刺后磨成鱼肉泥。

3 芝麻用研钵捣碎备用。

4 将白米粥和豆浆放入锅中。

5 加入捣碎的芝麻、鱼肉泥一起熬煮成粥即完成。

松子银耳粥

83

材料 白米粥75克，松子10克，银耳10克，海带高汤100毫升

做法
1. 将松子干煎后磨碎；将银耳洗净后，泡水、切小片。
2. 加热白米粥与海带高汤，放入银耳与松子，熬煮一下即可。

茄子豆腐粥

84

材料 白米饭30克，茄子15克，豆腐40克

做法
1. 豆腐捣碎备用。
2. 茄子洗净、去皮后，焯烫、捣碎备用。
3. 锅里放入水、白米饭，熬煮成粥，再加入豆腐、茄子熬煮片刻即可。

南瓜煎果饼

材料 白米饭40克，南瓜30克，磨碎的黑芝麻、核桃、杏仁各15克，面粉30克，鸡蛋20克

做法

❶ 南瓜蒸熟后切成1厘米大小；鸡蛋打散。

❷ 白米饭中加入南瓜、黑芝麻、核桃、杏仁混合均匀。

❸ 压成星星形状，外层先裹上蛋液，再裹上面粉，煎熟即可。

85

鲜虾花菜

材料 花菜40克，鲜虾10克，海带高汤适量

做法

❶ 花菜洗净后，放入沸水煮软，切碎。

❷ 虾洗净后，去除虾线、虾头，再放入沸水中煮至熟，剥壳、切碎。

❸ 将虾仁、花菜和海带高汤一起熬煮，搅拌均匀即可。

虾仁包菜饭

材料 白米粥75克，虾仁5个，包菜叶4片，黑芝麻少许

做法

❶ 取一锅，放入黑芝麻，干煎至香气传出，盛盘备用。

❷ 利用原锅，加入白米粥与少许水、虾仁、包菜叶一起熬煮至沸腾。

❸ 待米粥沸腾后，盛入碗中，撒上黑芝麻即可。

五彩煎蛋

材料 鸡蛋1个，菠菜1棵，土豆泥10克，西红柿100克，洋葱末10克，牛奶、食用油各少许

做法

1. 西红柿洗净后，用滚水焯烫、去皮，再切碎。
2. 菠菜洗净后，焯烫一下后切碎。
3. 鸡蛋打散，加牛奶拌匀。
4. 起油锅，放入土豆泥、菠菜末、西红柿末和洋葱末一起炒香。
5. 最后加入鸡蛋液煎熟即可。

茄子稀饭

材料 米饭75克，茄子20克，西红柿50克，土豆泥10克，肉末5克，食用油少许，蒜末少许，海带高汤60毫升

做法
1. 将茄子洗净，切碎；西红柿洗净后，焯烫、去皮、切成丁。
2. 肉末与土豆泥拌匀备用。
3. 起油锅，下肉末土豆泥炒散。
4. 加入茄子末、蒜末及西红柿丁、米饭和高汤熬煮片刻，盛出碗中即可。

水果煎饼

材料 土豆20克，西红柿15克，苹果25克，香蕉20克，鸡蛋1个，配方奶15毫升，食用油5毫升，面粉20克

做法
1. 将土豆去皮后，切丁、煮熟。
2. 西红柿、苹果、香蕉各自去皮后，切丁。
3. 鸡蛋打散，加入配方奶、面粉、土豆、西红柿、苹果、香蕉均匀混合。
4. 倒入已热好的油锅中，煎成饼即可。

牛肉松子粥

材料 泡好的白米15克，牛肉20克，南瓜15克，胡萝卜8克，松子粉5克，芝麻油、高汤各适量，芝麻、盐各少许

做法

1. 白米磨碎；牛肉剁碎备用。
2. 南瓜清洗后剁碎；胡萝卜去皮，剁碎。
3. 锅中放入芝麻油、牛肉翻炒一下。
4. 再加入南瓜、胡萝卜略炒，放入白米及高汤熬煮成粥。
5. 最后加入松子粉和少许芝麻油、芝麻及盐拌匀即可。

91

红苋菜红薯糊

材料 红薯40克，红苋菜10克，
牛奶100毫升

做法

1 红薯煮至熟透，趁热用汤匙压
成红薯泥。
2 红苋菜洗净，切碎。
3 小锅中放入红薯泥、牛奶搅拌
均匀。
4 再加入红苋菜煮沸即可。

甜椒蔬菜饭

材料 白米饭20克，包菜10克，
甜椒5克

做法

1 将包菜、甜椒切碎。
2 将米饭放入锅中，和包菜、水
一同熬煮，待粥煮开后，改用
小火慢煮。
3 熬煮至收汁后，放入甜椒稍煮
片刻，再盖上锅盖焖煮片刻，
关火，盛出即可。

鲜虾玉米汤

材料 虾仁5个，玉米粒
15克，西蓝花2
朵，西红柿碎末
15克，高汤75毫
升，食用油适量

做法
① 虾仁洗净、去肠泥，汆烫后捞出、切碎。
② 西蓝花洗净，切碎；玉米粒压碎。
③ 热油锅，放入虾仁、西蓝花及玉米粒一起翻炒。
④ 再放入西红柿碎末、高汤一起熬煮，食材熟软后即可。

土鸡汤面

材料 土鸡肉30克，面条20克，
金针菇10克，菠菜5克，
葱花2克，鸡高汤适量

做法
1 鸡肉煮熟后撕成丝；面条氽烫
后切适口大小。
2 金针菇去根后切细丁；菠菜焯
烫后切细丁。
3 锅中倒入鸡高汤煮沸，再放入
鸡肉丝、金针菇和菠菜继续熬
煮片刻。
4 最后放进烫过的面条和葱花，
再次煮沸即可。

大白菜萝卜稀饭

材料 白米饭30克，大白菜15
克，萝卜15克，鳀鱼高汤
适量

做法
1 大白菜洗净后，再切碎备用。
2 将萝卜洗净、去皮，切小丁。
3 锅中放入水、鳀鱼高汤和米饭
熬煮成米粥。
4 再放入大白菜、萝卜稍煮片刻
即可。

牛肉山药粥

材料 瘦牛肉25克，山药10克，燕麦片20克，葱适量

做法

1. 牛肉剁成末；山药去皮后，切成细丁；葱洗净，切成末，备用。
2. 将牛肉放进锅中，加入适量水。
3. 再下燕麦片、山药熬煮5分钟左右。
4. 待食材完全煮至软烂后，放入葱花即可。

97

豆腐蛋黄泥

材料 白豆腐100克，鸡蛋1个，葱末适量

做法

❶ 豆腐放入沸水中，焯烫、压泥；鸡蛋水煮后，取出蛋黄磨泥，备用。

❷ 将豆腐泥、蛋黄泥放进锅中加热、搅拌，再加入葱末搅拌均匀即可。

豆腐蒸蛋

材料 鸡蛋1个，豆腐100克，时令蔬菜少许

做法

❶ 取时令蔬菜少许，洗净、切小丁；豆腐切小丁备用。

❷ 鸡蛋打散。

❸ 碗中放入鸡蛋液、蔬菜丁及豆腐搅拌均匀。

❹ 再放进蒸锅中蒸熟即可。

西蓝花炖饭

材料 米饭30克，西蓝花15克，配方奶200毫升

做法
1. 洗净西蓝花后，焯烫、切丁备用。
2. 在锅里放入米饭，倒入水用大火煮开，边煮边搅拌均匀。
3. 待粥水收干后，转小火倒入配方奶均匀搅拌。
4. 再加入西蓝花煮熟即可。

秋葵香菇稀饭

材料 白米饭20克，香菇1朵，
秋葵1根

做法

1. 秋葵清水洗净后，去除两端、切碎。
2. 香菇去蒂、洗净后，取伞状部分切碎。
3. 起水锅，煮至沸腾后，加入米饭、香菇及秋葵一起熬煮。
4. 待米饭变成稀饭，食材软烂后即可。

101

菠菜嫩豆腐稀饭

材料 白米粥75克，嫩豆腐20克，菠菜10克，秀珍菇10克，黄豆粉15克

做法

1. 嫩豆腐用流动的水清洗，沥干水分后捣碎。
2. 菠菜、秀珍菇用清水洗净后，焯烫、切碎。
3. 加热白米粥，放入黄豆粉、嫩豆腐、菠菜和秀珍菇煮开，关火，盛出即可。

102

金枪鱼饭团

材料 白米饭30克，金枪鱼肉15克，土豆20克，上海青15克，蛋黄半个，配方奶30毫升，食用油少许

做法

① 金枪鱼肉蒸熟后，磨碎。

② 土豆煮熟后，去皮、磨碎；上海青焯烫后，切碎。

③ 热油锅，放入打散的蛋黄，煎成碎蛋皮。

④ 再加入金枪鱼肉、上海青、土豆和白米饭、配方奶拌匀。

⑤ 待汤汁收干后，起锅、放凉，再捏成饭团即可。

103

金枪鱼土豆粥

材料 白米粥75克，金枪鱼肉15克，土豆20克，上海青10克，蛋黄半个，奶粉水15毫升，食用油适量

做法

❶ 金枪鱼肉蒸熟后，磨碎备用。

❷ 土豆洗净、去皮后蒸熟，再磨碎；上海青洗净，切碎。

❸ 热油锅，放入金枪鱼肉、上海青略炒。

❹ 再放入土豆和白米粥，煮沸后加入蛋黄、奶粉水，搅拌均匀即可。

燕麦核桃布丁

材料 蛋黄1个，燕麦10克，香瓜30克，核桃5克，配方奶100毫升

做法

❶ 燕麦泡水后与适量水、配方奶一起熬煮。

❷ 香瓜去皮、去籽后切成小丁；将核桃磨成粉。

❸ 在打散的蛋黄里，加入煮好的燕麦奶。

❹ 加入香瓜拌匀，盛入碗中。

❺ 再放进蒸锅里蒸熟，撒上核桃粉即可。

鸡肉洋菇饭

材料 白米饭30克，鸡肉30克，洋菇10克，上海青10克，奶油2克，鸡高汤100毫升

做法

① 鸡肉洗净后去皮、煮熟，切成5毫米大小。

② 洋菇洗净后，切成5毫米大小；上海青洗净、焯烫后，切成5毫米大小。

③ 热锅中加入奶油，先炒鸡肉，再放洋菇继续炒。

④ 在小锅中放入米饭、鸡高汤，倒入炒好的鸡肉、洋菇熬煮一下。

⑤ 最后放入烫好的上海青，稍煮片刻即可。